Hiroyuki K. M. TANAKA / Kaoru TAKEUCHI

Exploring the Earth with Muography
An Introduction to High Energy Earth Science

素粒子で地球を視る
高エネルギー地球科学入門

田中宏幸 ──〈著〉
竹内 薫

東京大学出版会

Exploring the Earth with Muography:
An Introduction to High Energy Earth Science

Hiroyuki K. M. TANAKA and Kaoru TAKEUCHI

University of Tokyo Press, 2014
ISBN978-4-13-063712-1

はじめに

　私たちの身の周りには目には見えない素粒子がたくさん飛び回っています．あまりに小さいので，目に見えないばかりでなく，身体に当たっても，身体を貫通しても，何も感じません．

　身近にありながらも，普段の生活では，なかなかその存在に気づかない素粒子．しかし，目に見えないこの微細な粒子が持つエネルギーは桁違いに高いのです．

　最近観測された最も高いエネルギーの宇宙線は10の20乗・電子ボルト（10^{20}eV）を超えるものでした．これは，1キロの重りを1.6メートル以上の高さから落としたときのエネルギーに匹敵します．目に見えないほど小さな粒子1個に，ピンポンのスマッシュよりも大きなエネルギーがかかっているのです．

　高エネルギー地球科学は，宇宙からの贈り物（ときには地球からの贈り物）である素粒子を使って「地球を見る新しい窓」を開く学際的な分野です．「新しい窓」である素粒子の観測によって，これまでにない発見の可能性が広がりました．でも，なぜ素粒子の観測が「新しい窓」といわれるのでしょうか？

　19世紀初頭から中ごろにかけて，ポアソンやストークスによって岩石の中を弾性波が伝わることが示されて以来，私たちはずっと，地震波を頼りに地球の内部を観測してきました．その後も新たな手法が開発されてきましたが，古典物理学の領域から出ることはありませんでした．

　1936年，「透過力の強い素粒子」であるミュオンがアンダーソンにより発見されてから，鉱山やピラミッドの内部でミュオグラフィ観測が行われてきました．そして，20世紀後半から21世紀初めにかけて，素粒子観測技術の目覚しい発展により，地球を対象としたミュオグラフィ観測を行えるようになってきました．さらに，別の素粒子ニュートリノを使うと，地球全体をも

「透かし撮り」できるという，これまでの常識を覆すような新事実が明らかになりました．その結果，これまで誰も見たことがない，新しい地球の姿が少しずつ見えてくるようになってきました．

　本書は高エネルギー地球科学への入門書ですが，高校生から大学院生までの幅広い読者層を想定しており，不親切にならないよう，関連する理論的な背景もきちんと解説しています．素粒子物理学の実験や理論を網羅的に述べることを狙ってはいませんが，結果的に高エネルギー地球科学の全体を眺めることができるようになっています．その際，物理や数学の知識は前提としないで，重要な概念は初歩から詳しく説明してあります．ただし，物理学はそもそも数式が命なので，物理学の明快さと美しさを示すために，あえて数式を使うことは避けていません．また，章末の問題については，自分で解答を導くことによって，本文をより深く理解する助けとなります．中には難しい問題もありますが，すべての読者に解いてもらうことは意図していません．読み飛ばしていただいても本文の理解には支障ありません．

　素粒子物理学を扱った書物の中には数多くの好著がありますが，本書では，高エネルギー地球科学を学習する上で重要となる項目のみをピックアップして，少しくどいくらいに説明しました．これは素粒子物理学の予備知識がない方を対象に，理論から実践に至るまでの過程をできるだけ平易に説明する必要があったからです．各節の最初の部分は概要を平易に説明してあるため，中学生や高校生でも理解できます．高エネルギー地球科学の雰囲気だけを知りたい読者は各節の最初の部分を読みつなげていってもわかるように工夫されています．その一方で，高エネルギー地球科学を本格的に勉強したい大学生や大学院生の方々は，各節の後半部分にも読み進んでいただきたいと考えています．そこでは，単に名前や現象の紹介だけではなく，その物理，哲学的背景をみずから考え出せるような工夫がなされています．

　本書の全体の流れとしては，まず，高エネルギー地球科学を読み進めるうえで必要な歴史の話題をご紹介します（1章）．そして，宇宙からの恵みである素粒子について，「生い立ち」，「魅力」，「広がり」を探ります（2章）．そこから本文の内容をもう少し詳しく技術レベルで知りたい読者のために，「実用に適した現象論」と「測定原理」を見ていきます（3章，4章）．さら

に素粒子と地球をつなぐ「高エネルギー地球科学」の世界では，地球科学を始め，さまざまな方面へ応用可能な高エネルギー地球科学の魅力を再確認することができます（5章）．

　本書を読むことで，どんなに高度な理論や技術でも，そのエッセンスは，誰でもストレートに理解でき，感動を与えるものだと気づいていただけるはずです．広く皆様にお読みいただき，既存のジャンルに縛られない学際的な研究を進める感動を分かち合うことができれば著者として，これ以上の喜びはありません．

　2014年春

田中宏幸・竹内　薫

目次

はじめに　i

1　ミュオンとピラミッド……………………………………………1

1.1　レントゲンの発見　1
1.2　X線から素粒子へ　3
1.3　電子工学分野の発展で地球が透視できるようになった　4
1.4　ミュオグラフィとピラミッド　7
　　アルバレの逸話　　ピラミッドの透視
1.5　光と影　14
1.6　素粒子で地球をのぞけるか？　20
1.7　素粒子ができること　21
　章末問題　22

2　素粒子の生い立ちとその性質……………………………………24

2.1　宇宙が生んだ究極の物質単位「素粒子」　24
2.2　粒子が結びつく力　29
2.3　光速で飛ぶ粒子　33
　　質量とエネルギーの等価性　　相対性　　光速を測る物差し
　　変わるのは質量それともエネルギー？
2.4　電磁相互作用　43
　　波動性　　エネルギーの不確定性　　原子の電離
　　相対論的ミュオンによる電離作用　　原子核による制動輻射
　　仮想光子による直接対生成

2.5 強い相互作用 63
　　　クォークの証拠　　クォークの色
2.6 弱い相互作用 68
　　　ニュートリノの発見　　素粒子のフレーバー　　ニュートリノ振動
　章末問題 76

3　地球圏の超高エネルギー現象 …………………………………… 79

3.1 宇宙線の起源 79
　　　宇宙線とは　　宇宙線の閉じ込めと逃げ出し
　　　宇宙線のエネルギー分布
3.2 大気中のミュオン 85
　　　メソンの発生　　大気中でのミュオン発生　　ミュオンの透過力
　　　ニュートリノの透過力　　地下実験
3.3 ミュオンフラックスを測る 93
　　　原子核乾板　　シンチレーション検出器　　チェレンコフ検出器
　　　ガス検出器
　章末問題 100

4　地球を透かす素粒子 ……………………………………………… 102

4.1 地殻を透かす 102
　　　地中のミュオン　　ミュオグラフィのシミュレーション技術
　　　ミュオグラフィのテスト実験
4.2 野外におけるミュオグラフィ観測システム 108
　　　ガイガーカウンター　　原子核写真乾板　　シンチレーション検出器
　　　ガス検出器　　チェレンコフ検出器
4.3 ミュオグラフィ観測におけるデータ処理技術 116
　　　データ収集技術　　ミュオントラッキング技術
　　　ミュオグラフィ観測における誤差　　バックグラウンドノイズ

4.4 ミュオグラフィと他の構造探査手法との比較　123
　　　重力測定　　比抵抗測定　　岩石コアサンプリング
　　章末問題　124

5　素粒子で地球を観測する　125

5.1 ミュオグラフィによる野外観測　125
　　　屋外　　洞窟内部　　掘削孔内部　　イメージングの下準備
5.2 ミュオグラフィによる火山のイメージング　128
　　　マグマ流路の可視化　　浅部マグマのダイナミクス
　　　熱水系の地下構造
5.3 未発見の洞窟探査　141
5.4 断層破砕帯の調査　145
5.5 古代遺跡の調査　147
5.6 ミュオグラフィの惑星科学への応用　149
　　　火星のミュオグラフィ　　火星のミュオグラフィ実現に向けて
　　　太陽系小天体のミュオグラフィ
5.7 始動するミュオグラフィプロジェクト　157
5.8 地球の深層を視る　158
　　　地球内部で発生するニュートリノ　　大気ニュートリノ
　　章末問題　169

おわりに　170
章末問題略解　171
参考文献　176
和文事項索引　179
英文事項索引　183
人名索引　185

1
ミュオンとピラミッド

　この章の題名は「ミュオンとピラミッド」となっている．そのココロは「素粒子ミュオンを使えば，ピラミッドの内部を透かして見ることができる」．ここでは，まず，人類が物体を透かして見る技術をどうやって手に入れたのか，その端緒となったレントゲンの発見から入り，高エネルギー地球科学の現代的な位置づけまでを見ていくことにしたい．

1.1　レントゲンの発見

　物体を透かして見る技術として，私たちに馴染が深いのは，なんといっても病院でお世話になるレントゲン撮影だろう．そのレントゲン撮影には，蛍光現象と写真技術という2つの重要な要素がかかわっていたことをご存じだろうか．

　蛍光現象については1800年代にはすでに研究されていた．アイルランドの数学者・物理学者 G. G. ストークス (George Gabriel Stokes) は，蛍石などの着色は光の刺激によって生じる蛍光現象であることに気づき，蛍光 (fluorescence) と命名した．文字通り「蛍のような光」という意味である．

　また，写真技術は17世紀の中ごろに見出され，レントゲンの発見のころには，湿板から乾板に移っていた．その後，フィルムが発明され，今ではデジタルカメラへと発展し，映像素子とメモリーに映像が記録されるようになっている．

　ドイツの物理学者 W. C. レントゲン (Wilhelm Conrad Röntgen) は，1895年11月8日，陰極線（電子線）を研究中に，白金シアン化バリウムの蛍光を発

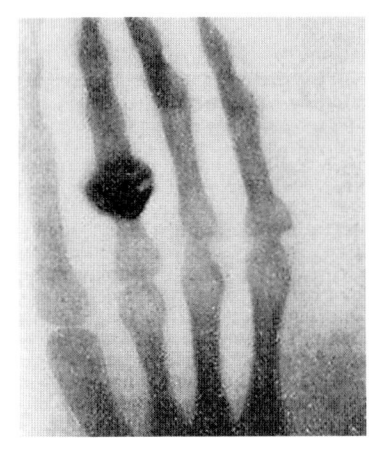

図 1-1 1895 年 12 月 28 日発表の最初の X 線写真 レントゲン夫人の指輪が写っている．(出典：環境研ミニ百科第 8 号 X 線発見 100 年)

見した．実験装置は黒いボール紙で覆ってあり，光は洩れていなかったのに，机の上に置いてあった蛍光板が反応したのである．レントゲンは，目に見えない未知の光が出ているに違いないと考え，数学の方程式の未知数 X にちなんで「X 線」(X-Strahlen) と名づけた．レントゲンは「放電装置と蛍光板の間に手を置くと，手の影の中にほんのうすく骨の影が黒く見える」と述べている．これは透視の最初の記述だといえる．そして，レントゲンは 11 月中に夫人の手の写真を撮った．これが最初の X 線写真である (図 1-1)．

レントゲンは，最初の発見から 1 カ月あまりたった 12 月 28 日に，X 線の物理学的性質をドイツ語で発表した．その論文は大きな反響を呼び，またたく間に英語やフランス語に翻訳され，医学的な応用が始まった．やがてそれは X 線診断学という学問へと発展した．生きている人間の内部を外から観察できる技術は，それまでの「臨床医学」の常識を覆して，病理解剖学の見地から細胞病理学を大成しつつあった「病理医学」とのギャップを大きく縮めた．

ちなみにレントゲンは，X 線発見の功績により 1901 年に第 1 回のノーベル物理学賞を受賞している．しかし，終生，自分の名前が冠された「レントゲン撮影」と呼ぶことを嫌い，「X 線」と呼び続けたという．また，科学は万人のために存在するという信念から，X 線に関するいかなる特許も申請しなかった．古き良き時代の良心的な科学者だったのである．

2—1 ミュオンとピラミッド

今では，X線は光(電磁波)の一種であることがわかっている．光は波長が短いほど，直進力が強まり物質を透過しやすい特長がある．X線は光の中でも特に波長が短く，透過力も強いので，X線によって身体の内部を透かして見ることができる．

1.2 X線から素粒子へ

ここからしばらく，高エネルギー地球科学とかかわりの深い素粒子の歴史を概観してみたい．

人類が素粒子と深いかかわり合いを持つようになったのは，1895年のレントゲンによるX線の発見以降のことである．すでに述べたように，それまでは認識されていなかった，未知のものであるということで名づけられたX線だが，その正体は波長の短い光であった．翌年の1896年には，フランスの物理学者 A. H. ベクレル(Antoine Henri Bequerel)が，レントゲンの発見にヒントを得て，ウラン化合物から高エネルギー粒子が放出されていることを発見した．ベクレルはこの「放射線」の発見により，1903年度のノーベル物理学賞をピエール・キュリー(Pierre Curie)，マリー・キュリー(Marie Curie)と共同受賞している．

第1次世界大戦をはさんで，少し時間が飛ぶが，1930年ごろから宇宙線の観測実験が開始され，1932年にアメリカの物理学者 C. D. アンダーソン(Carl David Anderson)が陽電子を，1937年に同じくアンダーソンがミュー粒子(ミュオン)を，1947年にはイギリスの物理学者 C. F. パウエル(Cecil Frank Powell)がパイ中間子(パイオン)を発見するなど，X線の発見後50年の間に数々の新粒子が発見された．

メソン(中間子)の存在は日本の湯川秀樹が理論的に予言していた．質量が原子核の中心にある陽子・中性子と，原子核の外を回っている電子の「中間」であるために命名された．アンダーソン，湯川，パウエルは，年度が違うものの，みな，ノーベル物理学賞を受賞している．

これらの粒子の中には驚くほど貫通力の強いものがあり，素粒子の測定実験は地下へ地下へと場所を移していった．観測深度が深くなるにつれて，宇

宙線に含まれるさまざまな粒子が地中に吸収されるようになるため，観測される粒子の数が減る．しかし，地下 100 m になっても，ミュオンだけはあまり数が減らなかった．X 線の透過力をはるかに超える新プローブの発見である．

　1950 年代には，地下にミュオン検出装置を置いて，その上にある岩盤の厚みを調べる実験が行われた．地下でとらえられるミュオンの数の違いにより，岩盤の厚さを推定しようというのである．このミュオンの透過性を利用して，巨大物体の「レントゲン写真」(ミュオグラフィ)撮影を試みたのが，アメリカの物理学者 L. アルバレ(Luis Walter Alvarez)である．1967 年，アルバレのグループはエジプトのピラミッド内部にミュオン検出器を設置して，斜め方向から飛来するミュオンを用いて，東西南北すべての方向についてミュオン数を測定した(☞アルバレの興味深い逸話については 7 ページを参照)．

　一方，1953 年から F. ライネス(Frederick Reines)と C. コーワン(Clyde Lorrain Cowan Jr.)によって始められた実験により，ニュートリノにはミュオンのさらに何万倍もの透過力があることが示された．これまでの素粒子の歴史は，ある意味，ノーベル物理学賞の歴史といっても過言ではない．しかし，ライネスとコーワンは栄光から取り残された，悲劇の物理学者といえるかもしれない．ライネスは業績から 40 年もたってから，ようやく 1995 年にノーベル物理学賞を受賞したからである．相棒のコーワンはすでに亡くなっていた．

　S. グラショー(Sheldon Lee Glashow)は，ニュートリノによる地球内部のサーベイ(ジオトロン構想)を提案する．その後現在に至るまで何十人もの研究者が，ニュートリノによる地球内部の透過像撮影(ニュートリノグラフィ)の方法と可能性について議論してきた．しかし，地球をも簡単に通り抜けてしまうニュートリノをとらえることは，そう簡単なことではなかった．

1.3　電子工学分野の発展で地球が透視できるようになった

　ふたたび「透過」の話に戻るとしよう．

　たしかに X 線は人体を透かして見ることに成功した．現在では，コンピュータを使った断層撮影(CT)の技術が発達し，人体だけでなく，工業製品

の内部の欠陥などもX線で3次元的に撮影することが可能となった．しかし，本書の主題の1つである火山や地球の内部となると，話は別である．X線の透過能力では，火山や地球の内部を透かして見ることはできない．

そこで登場するのが，本書で主に扱う「ミュオグラフィ」という方法だ．日本語にすれば，さしずめ「ミュオン撮影法」とでもなるだろうか．ミュオグラフィはX線の代わりに素粒子の一種であるミュオンを使う．この方法は，1950年代から何人かの物理学者によって生み出されたのだが，当初，実験はかなり大変であった．ミュオンの数を数えることはできたが，ミュオンが飛んでくる方向はわからず，データを同時に高速に記録することも，技術的に困難だったからである．そのため，（1次元的な情報として）岩の厚さを見積もることしかできず，X線写真のような2次元的な透過像を得ることはできなかった．20世紀の後半に入ると，2次元的な情報としてミュオグラフィ透過像を得る技術が登場するが，データの記録技術はまだまだ未熟であった．

しかし，21世紀に入り，コンピュータの性能は加速度的に向上した．計算処理速度の向上により，データ収集，シミュレーション・解析の速度，精度が向上した．データ記録媒体の質的向上により，大量のデータを高速にかつ高い信頼性で保存できるようになった．また，演算処理チップが小さくなることで，省エネ性，可搬性が向上した．これらの技術はミュオグラフィ観測に不可欠な要素技術だ．今までできなかったこと，あるいは非現実的であったことが可能になってきたのである．

たとえば，原子核乾板を用いたミュオグラフィは最近まで不可能だった．これまで原子核乾板の中に記録された素粒子のデータは1つ1つ人間の目で読み取っていくのが主流だったからである．しかし，近年，乾板を機械で自動的に読み取る「スキャニングマイクロスコープ」が開発され，写真フィルムを使ったミュオグラフィがようやく現実のものとなった．

他にも，データを記録装置の省エネ化やコンパクト化が進むことで，ミュオグラフィ観測点の選択に自由度が出てくる，演算処理チップの高速化により，データを観測現場で解析・圧縮できるようになり，検出器のリモートモニタリング（テレメータ）が可能となる，などフィールド観測がより現実のも

のとなってきた.

　また，計算処理速度の向上は，これまで現実的ではなかった複雑な地形や検出器形状を考慮に入れた計算機シミュレーションやデータ解析を可能にする．このように，ここ十数年の目覚しい技術的革新のおかげで，「素粒子で地球を視る」ことがようやく現実的になってきたのである．

　ミュオグラフィのもととなっている理論は，生まれてからもう70年以上になるが，その間ますます広い範囲でより精密なテストが繰り返され，現在では実験と理論の間に有意な違いは存在しない，と断言できるようになった．つまりミュオグラフィの理論は，徹底的に理解できている理論なのだ．この理論を用いたミュオグラフィが，非常に広範な物体の中身を可視化できるということを強調したいと思う．つまり，これまでX線では見えなかった巨大物体を，ミュオグラフィで可視化できるのだ．

　しかし，ミュオグラフィそのものの技術的検証は始まったばかりである．ここ数年でミュオグラフィは火山，断層，鉱山探査，炭素貯留層，巨大建造物など，実に広範な物体を対象に世界各国でプロジェクト展開されてきた．実用化に向けた可視化技術として確立できるのかが試されている．

　だが，科学の営みとして，ここではっきりさせておかなければいけないのは，見えるといっても，わかるとは限らないことである．実際，私たちの身近にある地球科学的現象には実に莫大な要素を持つ現象がかかわっているので，たった1つの方法では，それがどんな新しいものであっても，現象の複雑さに到底ついていかれるものではない[1]．私たちはこれまで古典物理学的手法で得られた情報を元に，地球内部でどういうことが起こるはずかを見積もってきた．素粒子を用いると，情報量が増える．その結果，実際に起こっていることをよりよく説明できるようになる．

　ところで，ミュオグラフィを用いる高エネルギー地球科学は，既存の地球物理学や地質学とどう違うのだろう？　地球内部からくる地震波などの情報を地表で観察する地球物理学は，医学でたとえると，人間を主に外から観察

---

[1] レントゲン写真を得ても，医学的知識がないと，それが何を意味するのかわからないのと同じである．

する「臨床医学」に近いといえる．一方，地層や岩石といった地球の構成物質を直接調べる地質学は，「病理医学」に近いといえるだろう．

　この本で扱う高エネルギー地球科学には，地球内部を透視して見ることができるという特長はあるけれども，個々の岩石を知ることはなかなか難しい．しかし，(臨床医学と病理医学をX線によって結びつけた学際的分野である) X線診断学と同じように，地質学と地球物理学を素粒子によって結びつけようとする試みが，高エネルギー地球科学なのだ．時間と空間における分解能(観測精度)を上げることで，地球物理学を徐々に進歩発展させて，地質学に近づけようとする行為が高エネルギー地球科学の研究だといえよう．

1.4　ミュオグラフィとピラミッド

　少し時代をさかのぼってミュオグラフィの奇想天外な応用について見ることとしよう．読者は「え？　ミュオンって，そんなことにも使われるの？」と驚かれるに違いない．

アルバレの逸話

　ミュオンとピラミッドという，およそ似つかわしくない研究分野を「融合」してしまった物理学者がいる．いや，実は，ピラミッドだけではない．その男の研究を(有名な順に)3つ拾ってみると，こんな具合になる——．
1) 恐竜は6500万年前に巨大隕石が原因で絶滅した
2) アメリカ合衆国大統領ジョン・F・ケネディの暗殺は，後方からの(3発の)銃弾が原因だった
3) カフラー王のピラミッドの内部に未知の大きな玄室は存在しない

およそ物理学の研究分野とも思えないが，彼の名はルイ・アルバレ (1911-1988)[2]．カリフォルニア大学バークレー校の名誉教授で，専門は素粒子物理学の実験だ．1968年にノーベル物理学賞を受賞しているが，その受

---

[2] ルイ・アルバレ (Luis Alvarez)： ルイス・アルバレズとも，友人たちは「ルイ」と呼び習わしていたという．

賞理由は次のようになっている．

「素粒子物理学への決定的な貢献．特に多数の共鳴状態の発見に対して．それは，彼の水素泡箱の使用とデータ解析の技法の開発によって可能となった」

いわゆる「実験屋さん」のアルバレは，どんなことにでも興味をもった．いったん取り憑かれると，目の前の「問題」を徹底的に究明しなければ気がすまない性格だったのだ．

アルバレの息子のウォルターは地質学者で，地球の磁場反転の研究をしていた．あるとき，ウォルターは，父親に「KT 境界」[3]と呼ばれる 6500 万年前の地層の「かけら」を見せた．そのときの会話をフィクション風に再現してみよう．

ルイ「この真ん中の 1 センチほどの厚さの層はなんだね？」

ウォルター「お父さん，これは粘土ですよ」

ルイ「粘土層より下の地層には目でも見ても化石がたくさんあるね」

ウォルター「ええ，でも上の地層にはほとんど化石がないでしょう」

ルイ「なぜだね？」

ウォルター「6500 万年前のこの KT 境界の時期に生物の大量絶滅が起きたんですよ」

ルイ「なぜ？」

ウォルター「それが誰にもわからないんですよ」

ルイ「ふーむ，粘土の由来が鍵だね」

無論，実際の会話が残っているわけではないが，まるで名探偵ホームズとワトソンのようなやりとりの末，アルバレ親子は，6500 万年前の大量絶滅のミステリーの解明に乗り出していったにちがいない．

最初，アルバレ親子は，大量絶滅の時期の粘土層が「何年にわたって」蓄積されたのかを解明しようと考えた．そこで目をつけたのが（プラチナの仲間で鉄と合金をつくる）イリジウムと呼ばれる 77 番目の元素である．

---

[3] KT 境界： 白亜紀（ドイツ語で Kreide）と新生代第三紀（Tertiary）の境目の地層．現在では KP 境界と呼ばれる．（P は古第三紀（Paleogene）の頭文字．）

イリジウムは，地球に飛来する隕石などに微量に含まれていて，毎年，だいたい同じ量のイリジウムが地表に積もる．粘土層に含まれるイリジウムの量を測定すれば，粘土層が何年かかって形成されたかも計算できると思われた．

　測定にかかるイリジウムの量はきわめて微量で，ppb（parts per billion，10億分の1，10億分率）より小さい．専門家の助けを借りて，粘土層に含まれるイリジウムの量を測定したアルバレ親子は驚愕した．なぜなら，粘土層には，上下の地層とくらべて，百数十倍の量のイリジウムが含まれていたからだ．この大量のイリジウムはいったい何を意味するのだろう？

　さまざまな仮説を検討した末，アルバレ親子は，「大量のイリジウムは巨大な隕石が地球に衝突した際に降り積もった」という結論に達した．

　1991年には，メキシコのユカタン半島に直径180 kmの巨大なクレーターがあることがわかり，大勢の科学者の研究により，このクレーターこそが，アルバレ親子が予想した隕石によるものだと広く認められている．

　アルバレは大量絶滅だけでなく，ケネディ暗殺事件についても，物理学の立場から詳細な分析をしている．ケネディ暗殺については，いまだに陰謀説や複数犯説が後を絶たない．実際，唯一の決定的な証拠とされるザプルーダ・フィルムを見る限り，狙撃の瞬間，大統領の頭部は，最初，少し前に動いたあと，急激に後ろに動いている．これは，最初に後ろから銃弾を受け，直後に前方から銃弾を受けた証拠ではないのか．つまり，少なくとも2人の狙撃手がいたのではないかと推察される．ケネディ暗殺を捜査したウォレン委員会は，リー・ハーヴェイ・オズワルドの単独犯行と結論づけたが，誰が見ても，証拠のフィルムからは，犯人が複数いたとしか思えない．

　オズワルドが，護送中に，ジャック・ルビーというナイトクラブの店主に殺害されたことにより，背後にはソ連，マフィア，軍産複合体，FBI，キューバといった黒幕が存在し，ウォレン委員会すらも陰謀に荷担したのではないかと疑う人が大勢いる．鑑識では科学的な手法が使われるが，指紋や銃弾の詳細な情報が得られない以上，外部の人間がケネディ暗殺事件を科学的に分析することなど不可能に思われる．

　だが，アルバレは，ザプルーダ・フィルムを詳細に分析した結果，興味深

い結論に達した．それは，大統領の頭部の動きは，前方から銃弾が飛んできた証拠にはならない，というものだ．いや，それだけでなく，後方からの銃弾のせいで，大統領の頭部が後方に大きく動いた可能性が高いというのである．

後ろから撃たれた頭が(銃弾の飛んできた方向である)後方に動く？　そんなことが可能なのだろうか？

ポイントは，大統領の頭部の前方から，大量の血液と脳の一部が「ジェット」として噴出していることだ．このジェットを考慮に入れると，われわれの直観に反して，後方からの銃弾で頭部が後方にのけぞることは，大いにありうるのだ．

アルバレは，常日頃から，素粒子の軌跡の写真を分析していた．そこには，無数の素粒子のジェットも含まれていた．だから，ケネディ大統領暗殺事件も，物理学の観点から考え，結論を導いている(章末問題 1-1 を参照)．

ピラミッドの透視

さて，ようやくミュオグラフィとピラミッドの話である．

1962 年に初めてピラミッドを見物したアルバレは，クフ王[4]のピラミッドの内部が非常に入り組んでいて，「王の間」，「女王の間」，「大回廊」に分かれているのに，すぐ隣にあるカフラー王[5]のピラミッドの内部には下部に小さな玄室が 1 つしかないことに疑問を抱いた．

「カフラー王のピラミッドの内部には，未発見の玄室があるのではないか？」

アルバレは，そう考え，カフラー王のピラミッドの「X 線写真」を撮影することを思いついた．といっても，さすがにピラミッドの石を貫通するほど

---

[4] クフ王：　古代エジプト古王国時代のファラオ．在位は紀元前 2589 年から紀元前 2566 年．大規模な土木工事を行ったとされるが，洪水で職を失った農民の失業対策だったという説もある．

[5] カフラー王：　古代エジプト古王国時代のファラオ．在位は紀元前 2558 年から紀元前 2532 年．クフ王の息子もしくは孫とされる．カフラー王のピラミッドはクフ王のピラミッドより若干小さいが，高台にあるために一番大きく見える．カフラー王のピラミッドの前にはスフィンクスがあるが，スフィンクスの年代には諸説ある．

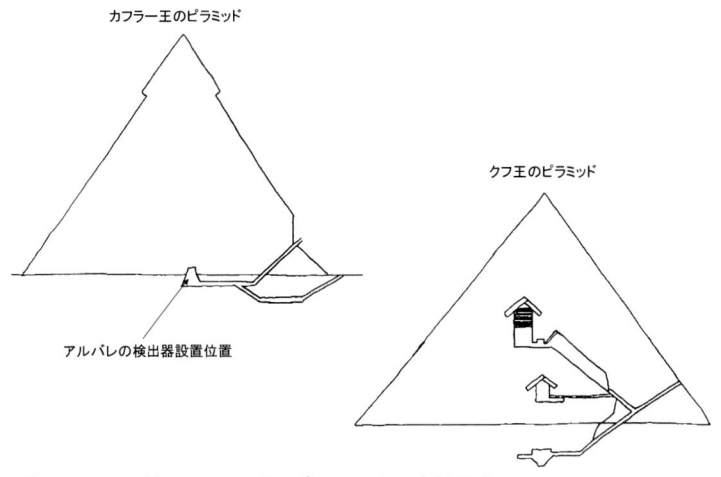

図 1-2 クフ王とカフラー王のピラミッドの内部構造

の強さを持ったX線を用意することはできないので，別の素粒子を使うことにした．そこで白羽の矢が立ったのが，ミュオンである（図 1-2）．

ミュオンは電子にとてもよく似た素粒子だが，質量が電子の約 207 倍ある．ほとんど電子と同じ性質なのに，質量だけ 207 倍というのは変だ．自然界は一般に無駄をしないと考えられるが，だとしたら，なぜ，瓜二つなのに質量だけ違うミュオンは存在するのだろう？　ミュオンが発見されたとき，物理学者のI. I. ラビ(Isidor Isaac Rabi)は，「誰がこんな余計なものを注文したんだ」と文句をいったそうだ．

2008 年度のノーベル物理学賞を受賞した南部陽一郎は，電子とミュオンの質量比(207)が 137 に近いことを指摘している．137 というのは，電磁相互作用の力の大きさを意味する微細構造定数の逆数である．実は，質量の起源については，現代物理学でも完全には解明できていない．素粒子の標準理論でも，各素粒子の質量は「手で入れる」ことになっている．ようするに実験で測定するしか，質量を決める方法は存在しない．ヒッグス粒子が素粒子に質量を与えると考えられているが，その数値を予言することはむずかしい．そんな中，南部は，ミュオンの質量のかなりの部分が電磁相互作用のエネルギーに由来するのではないか，という仮説を立てたのである．残念ながら，ミュオンの質量が，本当に電磁相互作用からくるのか，まったく別の理由に

よるのか，よくわかっていない．

　これは余談だが，電子の207倍の質量をもつミュオンには，さらに重い兄貴分がいる．それがタウオンである．タウは電子の約3200倍の質量を持っているが，ミュオンと同じく，ほとんど電子と同じ性質を持っている．つまり，電子とミュオンとタウオンは3兄弟なのだ．この3兄弟のことを素粒子物理学では「3世代」と呼んでいる．最近では，超ひも理論(superstring theory, 超弦理論ともいう)の枠組みで，3世代の素粒子のモデルも提案されているが，それでも，素粒子の質量の謎は未解明のままだ．

　さて，このミュオンは，空のあらゆる方向からピラミッドに降り注いでいる(図1-3)．そもそも遠い宇宙からやってくる宇宙線(主に水素)は，地球の大気中の原子と衝突し，2次粒子のシャワーをつくり出し，それはやがてミュオンなどに崩壊する．

　前置きが長くなったが，アルバレは，透過力の弱いX線の代わりに，ピラミッドに降り注ぐミュオンでピラミッド内部を透視することにしたのである．

　アルバレは，カフラー王のピラミッドの地下にミュオンを撮影する「フィルム」を設置した．フィルムといっても，正確には，電荷を持った素粒子の軌跡を記録するための2対の「放電箱」を置いたのである．

　アルバレが用いた放電箱の原理は次のようなものだ(図1-4)．ガラスの箱にネオンを封入する．ミュオンのような荷電粒子が通過すると，その通り道に沿って，ネオン原子がイオン化される．ここに短時間，高電圧をかけると，イオンが放電して，ミュオンの通った跡が光の筋として見えるのだ(放電箱は1958年に大阪大学の渡瀬譲，福井崇時，宮本重徳によって開発された)．

　さて，2つの「フィルム」(放電箱)を離して設置すれば，ミュオンの方向と密度の両方を測定することができる．アルバレは，数カ月にわたる測定の結果，カフラー王のピラミッドの内部に2m以上の大きさの空間が存在しないことを突き止めた．

　この実験は1967年に行われたが，運悪くアラブ・イスラエル戦争が勃発し，エジプトとアメリカの関係が悪化したために，何カ月もの間，アルバレらは実験を始めることができなかった．その後，外交関係が修復され，辛抱

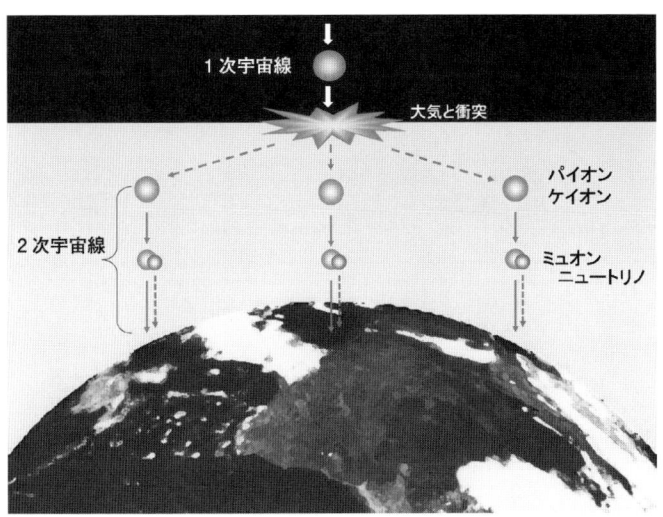

図 1-3　地球の大気中でのミュオン生成の様子

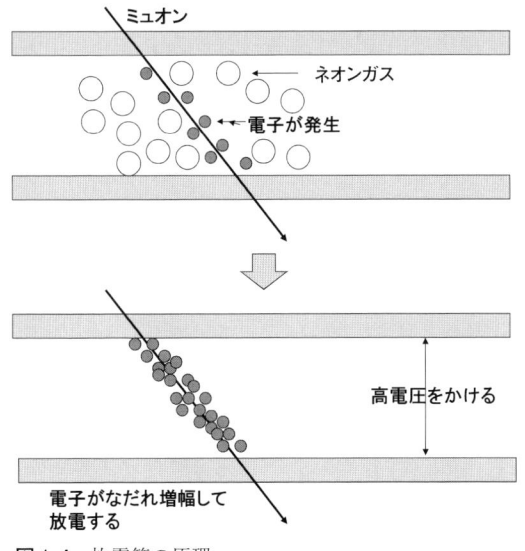

図 1-4　放電箱の原理

1.4　ミュオグラフィとピラミッド —— 13

図 1-5 障子に映る影(松岡あきよし, 1984年頃作)

強い観測の結果, ピラミッドの秘密は明らかになったのである.

アルバレの研究は先駆者として素晴らしいものであるが, 使われた放電箱も旧式であり, 2 m以下の空間については調べることができなかった. クフ王とカフラー王のピラミッドの内部を, 現代のミュオグラフィのテクノロジーを用いて透視したら, 新たな発見があるかもしれない.

1.5 光と影

日常生活でなにげなく使っている「影」という言葉について物理学の観点から考えてみよう. 私たちが影と呼んでいるものは, 物体や人などが, 光の進行をほとんど遮った結果, 壁や地面にできる暗い領域のことだ. 影は, その原因となる物体や人の輪郭に似たものになることが多い.

たとえば, 障子の手前の部屋の電気を消して, 障子の向こうの部屋の電気をつけると, 向こうにある物体の輪郭が障子に映る(図 1-5). 影絵を思い浮かべてほしい. なぜ, そうなるかといえば, 障子の向こうにある物体と障子とでは光の透過度が違うからである.

こうしたありふれた現象から, 粒子の持つ不思議な性質が理解できる. この節では, 光と影の類推から始めて, ミュオグラフィの原理につなげていき

たいと思う.

「障子の表面を調べると，10％は光の透過できる穴で，残る90％は光を吸収する原子で覆われている」ことがわかる．比喩的にイメージするならば，障子の内部には歯車のような仕掛けがあって，うまく狙うと障子を通るが，狙いが外れると歯に当たってしまう，という感じである．障子を何枚も重ねると，どれだけうまく狙っても，多数の歯車の隙間を通り抜けるのは難しくなる．この結果，光の透過量がどんどん落ちていってしまい，最後には障子越しの影は消えてしまうのだ．

X線でレントゲン写真を撮っても骨の影が写るが，これは障子越しの影と同じ原理によるものなのだろうか？

まず，知っているようで知らないX線について考えてみよう．I. ニュートン(Issac Newton)はプリズムを使って白い光をいろいろな色に分けたが，そのうちの1色，たとえば青い光をもう1回プリズムにかけても，もうそれ以上分けることができなかった．もう分けられない「純粋」な光が何色か混ざって白色光になるのだと，ニュートンは考えた．

現在では，そういった純粋な光は，振動数で分類できることがわかっている．振動数とは単位時間当たり時計の針が何回回るかを表す数だ．目に見える光(可視光)は，振動数の小さい赤から振動数の大きい青，さらには紫へと変わっていく．可視光より振動数が小さくなると，赤外線や電波となり，逆に振動数が大きくなると，紫外線，X線，γ線[6]になる．呼び名こそ違うが，これらはすべて電磁波であり，ただ振動数が違うだけである．

このように，光は自分自身の時間を決めるための「時計」，つまり固有の振動数を持っている．ただし，(あたりまえだが)光子は腕時計をはめているわけではない．光子そのものが時計の仕組みを持っているのだ．この光子の時計の進む速さは振動数に比例する．だから，たとえばX線は赤外線にくらべてずっと早く進む時計を持っている．

実は，光が持っている時計の進む速さの違いで，出発点から目的地に向かう光が取れる経路が違ってくることがある．もう少し話を先に進めよう．

---

[6] X線，γ線の定義は振動数によるものでないことに注意されたい．

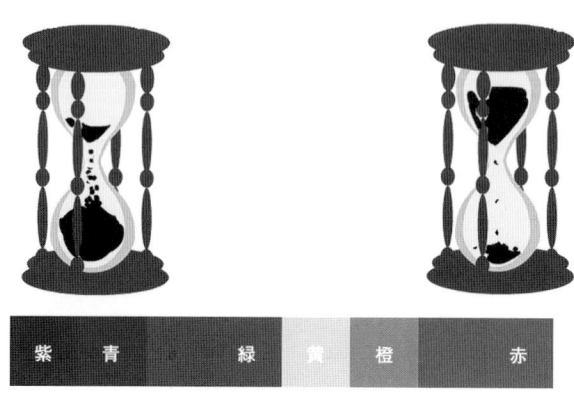

図 1-6 砂時計の速さは光の波長が長ければ長いほど遅くなる

　ある光源からある標的に向かって光が発射されるとする．光源と標的を結んだ直線上に障害物があるとする．光源から標的までの経路は，直線からずれた経路も含めると，かなりの本数を引ける．これらすべての経路について，かかる時間を「砂時計」で測ってみる．砂時計が落ち切る前に標的に着ければセーフ，たどり着けなければアウトだ．まず，遅い砂時計（たとえば赤外線）で測ると，直線経路でも大きくずれた経路でも，どちらも砂が落ち切ってしまう間に標的にたどり着ける．ところが，早い砂時計（たとえば X 線）で測ると，迂回経路をとれない[7]．赤外線なら取れる経路が X 線だと取れないのである（図 1-6）．

　光について，ある程度，比喩的に説明してみたが，もう少し別の方法で，光の性質を考えてみよう．実は，砂時計による光の性質の説明は，古典力学だけでなく，量子力学を考慮することに相当する．

　量子力学では，光自身が持っている時計（＝振動数）を考え，あらゆる経路について，時計の針の方向をベクトル的に足す．すると，振動数の大きな光は直進し，振動数の小さな光は障害物を避けて回り込むことが説明できるのである．これは「ファインマンの経路和の方法」と呼ばれ，量子力学では必須のテクニックの1つになっている．

　砂時計のままでもかまわないのだが，ベクトルの「方向」も表すために，

---

[7] 光の速度は振動数によらないとする．

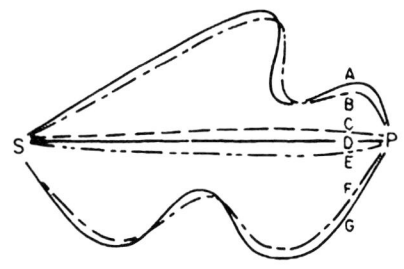

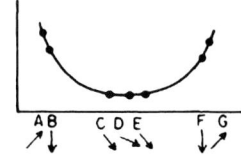 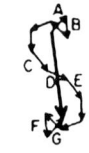

図 1-7 ファインマンの経路和の方法(R. P. ファインマン著,釜江常好・大貫昌子訳『光と物質のふしぎな理論—私の量子電磁力学』岩波書店,2007)

　光がストップウォッチを持っていると考えてみよう．まずは図 1-7 を見てほしい(R. P. ファインマン(Richard Phillips Feynman)の一般向けの講演録『光と物質のふしぎな理論—私の量子電磁力学』から採ってきた図である)．

　光源 S から点 P まで，光はあらゆる経路を通ることになる．ファインマンの経路和の方法では，光が S から P まで到達する「確率」を求める場合，すべての経路について足した上で絶対値を 2 乗すればよい．それが，光源 S から出た光が点 P に到達する，量子力学的な確率というわけだ．

　各経路について，ストップウォッチの針の状態を記録する．左下におわんのような形をしたグラフがあるが，これは，各経路を光が旅するのにかかる時間を示している．グラフの下に経路のアルファベットとストップウォッチの針の状態が描いてある．当然のことだが，C, D, E といった直線に近い経路が最小時間であり，A, B, F, G といった回り道は時間を食う．本来は無数に多くの経路を考えないといけないが，便宜上，7 本だけ明示してある．

　次に，すべての経路について，ストップウォッチの針をベクトル的に足していく．そして，最終的なベクトルの長さの 2 乗を計算すると，光が光源 S から点 P に到達する確率が求められる．

　さて，長い時間がかかる経路 A, B, F, G については，経路がちょっと違うだけで，時間がかなり変わってくるので，ストップウォッチの針の位置

1.5　光と影——17

が大きく異なる．実際，この4つの経路以外にも，たくさんの経路についても針の位置を記録して，ベクトル的に足すと，常に方向が変わるため，ぐるぐると円を描いてしまい，ベクトルの足し算の結果は，かなり短い矢印になってしまう．いいかえると，経路同士で相殺されてしまうのだ．

ところが，最小時間に近い経路，すなわちC，D，Eは話が違う．この3つは，ほとんど時間に差がない．だから，ストップウォッチの針の位置が似た方向を向いている．結果的に，この3つの経路について，針の位置をベクトル的に足すと，それなりに長い矢印になる．

以上をまとめると，光源Sから出た光が点Pに到達する量子力学的な確率は，最小時間の経路だけが効いてくることになる．ここまで，ストップウォッチの針の位置という，比喩的な表現を使ってきたが，これは数式で書くと $\exp(iS)$ であり，S を物理学では「作用」(action)と呼んでいる（図の光源の S は Source の頭文字であり，作用とは関係ない）．作用はラグランジアンの時間積分と定義されるのだが，ここでは深入りしない．詳しくは，解析力学もしくは初等量子力学の教科書を参照されたい．ただ，一言だけいっておくと，ここで議論している光の作用 S は，エネルギー $E=h\nu$ に時間 t をかけたものなので，振動数 ν が決まっている場合，$\exp(iS) = \exp(ih\nu t)$ になる（h はプランク定数）．よって，経路和に現れる $\exp(iS)$ という項は，まさにストップウォッチの針の位置にほかならないのだ．

量子力学の経路和の方法で計算した結果，古典力学で使われる「最小作用の原理」が出てきたわけで，この例を見るだけでも，古典力学の根底には量子力学が存在していることがわかるであろう．

長々と説明してきたが，ストップウォッチは振動数 ν によって針の進む速さが変わることに注意していただきたい．いいかえると，光の色によって，ストップウォッチの進み方が異なるのだ．振動数が大きいほどストップウォッチは速く進む．では，X線と赤外線とで，障害物を回り込む確率はどう違ってくるだろう？　ちなみに障害物は経路C，D，Eを完全にふさいでしまうとしよう．読者は，自分で経路A，B，F，Gについてストップウォッチの針を描いた上で，なぜ，振動数が小さいほど回り込む確率が高くなるのか，考えてみてほしい（☞2章章末問題2-9参照）．

光についての理解が進んだところで，次は障子の方である．物質をどんどん拡大していくと，どんな物質も**原子**という「わたあめ」のような物質でできていることがわかる．わたあめは外から眺めると真っ白だが，中には割り箸があって，周囲にわた状のあめがまとわりついている．原子のわたあめにも割り箸のような核があり，**原子核**と呼ばれている．白いわたの部分は電子（または電子雲）である．ただし，原子のわたあめは異常に膨れあがっている．なにしろ，割り箸に対してわたの部分の大きさは野球場くらいの大きさだからである．ところが，それを全部食べてもお腹は一杯にならない．わたは隙間だらけで，全部かき集めても砂粒1つの重さにもならない．実際には原子と原子核の大きさはそれぞれ1000万分の1 mmと1兆分の1 mmで，こんなすかすかの原子が物質中を埋め尽くしている．

　ここに光が通ると何が起きるか？　たとえば赤外線の場合，砂時計の砂が落ち切る間に1000分の1 mm以上は走れる．つまり，1000万分の1 mm程度しかない原子1個程度であれば，簡単にそれを避ける経路が存在する．だから赤外線は物質深くにまで入り込める[8]．一方，X線の砂時計は赤外線にくらべると1万倍も速いので，原子を回避できずに，すぐに吸収されてしまうような気がする．

　だが，砂時計の砂が落ち切る間に1000万分の1 mm以下しか進めないX線には，原子の構造が見える．原子はわたあめのようにすかすかだったはずだ．網戸に砂を投げ入れるようなものである．これがX線が可視光にくらべて物質中であまり吸収されない理由である．つまり可視光のときは，障子の紙の繊維が光子を弁別する歯車の役割を果たしていたのだが，X線の場合は，わたあめの繊維(つまり軌道がはっきりしてきた電子)が歯車の役割を果たしているのである．

---

[8] 暖房器具等でよく用いる遠赤外線が皮膚へ浸透する深さは0.2 mm程度である．血管まで到達するため，体全体が温まった感覚となる．

1.6 素粒子で地球をのぞけるか？

電子は1895年に粒子として発見された．電子はその数を数えることができるし，R. A. ミリカン（Robert Andrews Millikan）は，1滴の油の上に電子を1個つけて，その電荷を測ることに成功している（いわゆる電気素量 $e = 1.6 \times 10^{-19}$ クーロン）．

だがよく見ると，電子も波の性質を持っていることがわかる．波が細かすぎてよく見えないだけなのだ．ふつう実験室で観測される電子は，可視光とはくらべ物にならないほどの高い振動数を持っている．このことに最初に気づいたのは，フランスのL. ド・ブロイ（Louis-Victor de Broglie）である．彼は1924年「電子にも光のような波の性質がある」と考え，それを「物質波」と名づけた．その後，電子の波動性は，J. J. トムソン（Joseph John Thomson）やC. J. デイヴィソン（Clinton Joseph Davisson）の実験によりたしかめられた．電子も，実は光と同じく「波」で，自分自身の時間を測る「時計」を持っていたのだ．

ただ，歴史的には，電子に波の性質があることよりも，光に粒子の性質があることのほうが早く発見されていた．もともとA. アインシュタイン（Albert Einstein）が1905年に発表した論文の中で，光（＝電磁波）にも粒子の性質があると主張したのである．波と粒子の性質をあわせ持った光のことを，量子論では**光子**（photon）と呼んでいる[9]．

さて，電子にも波の性質があるとなると，X線の代わりに，高速電子を物質の中に打ち込んでみたくなる．はたして結果はどうだろうか？　実は，電子は物質中に入ったとたん，すぐに止まってしまい，X線ほど貫通力がないことが判明する[10]．電子の時計はX線よりもはるかに速いはずだ．どうしてX線より透過力が劣るのだろう？　われわれは重大なものを見落としている．それは光子である．わたあめを割り箸にまとわりつける役割を果たす．

---

[9] 一般啓蒙書では，波と粒子の性質をあわせて「波粒子」（wavicle）などという言葉をつくったりするが，物理学の現場では，「粒子」（particle）と呼ぶことが多い．
[10] ブラウン管は，電子銃と呼ばれる装置を使って，高速電子を蛍光物質を塗布したガラス面に照射する．電子が蛍光物質に衝突すると光が放出され，映像が浮かび上がる．電子はガラス面を透過することはできず，したがってわれわれの目にも入らない．

光と光はぶつかっても互いに素通りするが，電子の場合，そうはいかない．なぜなら電子は荷電粒子だからだ．荷電粒子にはある決まったルールがある．それは「荷電粒子は光子を吸収したり放出したりする」である．光子は原子，つまりわたあめのすき間のありとあらゆるところに存在する．

　荷電粒子が物質を通過することで失うエネルギー損失量は，光子と荷電粒子の相互作用を考えることで，計算できる(2.4節参照)．もともとのエネルギーが高ければ，それだけ物質の貫通力が上がる．速度に応じて自動車の制動距離が長くなるのと同じ理屈だ．だが，エネルギーが高くなることで，原子核に衝突していきなり止まる確率が増えれば，平均としての貫通力は弱くなる．自動車の速度が上がりすぎて，事故を起こす確率が増えると目的地に着く時間も遅れるのと同じである．

　地球には宇宙線と呼ばれる非常に高いエネルギーの素粒子が降り注いでいる．そのエネルギーは平均でも10億電子ボルト(2.2節参照)，高いものでは1兆電子ボルトをゆうに超える．速度を上げても事故を起こしにくい素粒子ミュオン，ニュートリノを使えば，X線では貫通できなかった巨大物体を透かすことができる．2章以降では，素粒子の種類，荷電粒子と光の相互作用（電磁相互作用）をはじめ，他の相互作用について学習することで，素粒子ミュオンとニュートリノを用いた地球のレントゲン写真撮影の原理について理解を深める．

1.7　素粒子ができること

　X線診断が万能でないのと同じように，ミュオグラフィやニュートリノグラフィが地球の謎のすべてを解決するわけではない．得手，不得手がある．

　たとえば，ミュオグラフィは，これまでの地震学やその他の手法では得られなかった，密度の高低を直接的に描き出す．そしてその解像度はこれまでになく高い．重力，浮力で駆動される地球内部のダイナミクスの基本は密度差であるから，他の手法から得られないこの情報は非常に大きい．

　だが，ミュオンの透過力にも限界があり，5km程度である．また，ミュオンは地下からはやってこない．つまり透視対象は検出器より上に限られる

ということだ.

　ニュートリノの透過力は，ミュオンよりも圧倒的に高い．そのため，地球深部の情報を取り出すことが可能だ．だが，その透過力ゆえに，とてつもなく大きなニュートリノ検出器が必要になる．巨大検出器はそんなにたくさんつくることはできないし，置く場所だってそう簡単には見つからない．せいぜい地球上に3つから5つくらいが関の山だろう．

　このように，ミュオグラフィやニュートリノグラフィでできることは結構限られている．それにもかかわらず，なお魅力的なのは，これまでいかなる手段でも測ることができなかった地球内部の新しい物理量を直接取り出すことができる点だろう．

　たとえば，火山のマグマの通り道内部では，マグマがぐるぐると対流しているという仮説がある．本当だろうかと疑ってしまうが，よくよく考えてみると，発泡したマグマとそうでないマグマは密度が全然違う．そのため，対流が起きていても不思議ではないのだ．しかし，今まで，これを見る手段がなかったために，どうしても仮説の域を出ることはなかった．これだけではなく，実はもっと単純なマグマの通り道のようなものですら，今まで可視化することができなかったのである．

　地球の中は真っ暗闇で，わかっているようでわかっていないのが現状だ．その中で，これまでにないまったく新しい観測量をもたらす素粒子は，用途が限られているとはいえ，大変魅力的なものである．今後，「この中はこうなっているだろう」とか，「こうなっているに違いない」などといった仮説の域を出なかった理論が，次々と明らかにされてくるものと期待している．それに伴い，今度は，その観測量を元に新たな仮説が生まれることになるだろう．自然科学においては，このような仮説，検証，仮説の循環が，思いもよらない新発見をもたらすのである．

●

　問題 1-1 ライフルの弾丸がスイカに向かって発射された．弾丸はスイカに命中し，スイカの中で止まったが，一瞬の後，スイカの（弾丸の入射側と）反対側が破れ，中身が勢いよく吹き出した．スイカの動きを定性的に論

じ，なぜ，最初は弾丸と同じ方向に動いたスイカが，すぐに逆方向に動いたのかを説明せよ．（アルバレは，この定性的議論と実験により，ケネディ大統領の頭の動きが「車の前方からの2人目の狙撃手による銃撃」ではなく，後方からの銃撃で力学的に説明がつくことを主張した．）

ヒント：弾丸とスイカと吹き出したジェットの3体問題を考え，運動量が保存されることと，運動エネルギーが保存されないことを考慮すること．

2
素粒子の生い立ちとその性質

1章では素粒子の一種であるミュオンを使った「透視」をご紹介した．しかし，素粒子はミュオンだけではない．この章では，素粒子の全体像を述べるとともに，その中におけるミュオン，ニュートリノの位置づけを考えてみよう．

2.1 宇宙が生んだ究極の物質単位「素粒子」

素粒子は英語では "elementary particles"，すなわち「基本粒子」である．文字通り，宇宙をつくっている，最も小さく，最も基本的な粒子なのだ．たとえばわれわれの身体をつくっている分子をバラバラにすると原子になる．その原子をバラバラにすると，**原子核**と**電子**になる．電子は，それ以上分解できないので，素粒子だ．原子核の方はさらに分解できて，**陽子**と**中性子**になる．陽子と中性子は，昔は素粒子だと考えられていたが，今では3つのクォーク[1]からできていることが判明している．クォークは素粒子である．

素粒子の起源は宇宙の誕生にまでさかのぼる．宇宙は138億年前に起きた**ビッグバン**と呼ばれる爆発的な膨張で生まれたと考えられている[2]．ビッグ

---

[1] 陽子も中性子も複雑なメカニズムのため，バラバラにして3つのクォークに分解することはできないが，さまざまな実験により，3つのクォークからできていることは定説となっている．

[2] 最新の宇宙論では，ビッグバンの前に量子宇宙と呼ばれる時期が存在し，宇宙誕生直後わずか10^{-44}秒後から10^{-33}秒後までの間に宇宙の大きさが10^{34}倍に膨張した「インフレーション」が起きたという仮説が有力になっている．その後，インフレーションが終息した際，潜熱が原因となって，ビッグバンが生じたというのである．

バンの大爆発後38万年間は**初期宇宙**と呼ばれ，現代の物理学で比較的よく解明されている．この時期に，それまでの物質が何もない状態から，物質を構成する基本粒子**素粒子**（クォーク，電子，ニュートリノ）が生まれたのだ．そしてクォークが結びついて原子核を構成する**核子**，すなわち，陽子と中性子，さらには陽子と中性子が結びついてヘリウムの原子核（陽子2，中性子2）ができた．このときの宇宙は，陽子，ヘリウム，中性子が飛び回わる混沌とした世界だった．

ビッグバンの大爆発が起きてから，物質と**反物質**がお互いにぶつかって消滅し始める．反物質とは，質量以外の点で，物質とはまったく逆の性質を持つ素粒子のことである．たとえば電子はマイナスの電荷を持つが，反電子（「陽電子」と呼ぶ）はプラスの電荷を持つ．大部分の物質と反物質は，できたばかりの宇宙空間で高速で飛び回り，お互いに衝突して，ようやく光（**光子**）が誕生する（これを**対消滅**と呼ぶ）．

その後38万年間にわたり，宇宙のエネルギーは光子に支配されていた．光子は陽子，電子などの荷電粒子と相互作用を始め，吸収，放出を繰り返すようになる．そうこうして38万年くらいたつと，宇宙の温度も少しずつ冷えてきて3000℃くらいになる．ここまで冷えると原子核に電子が引きつけられて，水素やヘリウムの原子ができる．電子の動きが制限され（したがって，光と電子とが相互作用する確率が下がり），宇宙が「晴れ上がり」を迎えたため，見通しが良くなったのである．

ここから少し，人類の素粒子発見史を辿ることとしよう．

1920年代くらいまでは，宇宙はすべて陽子と中性子が核をつくり，外側を原子が埋めるという，いわゆる「3種粒子」の組合せでできると思われていた．しかし，1930年ごろから始まった宇宙線の観測実験により，これら以外にもいろいろな粒子があることがわかってきた．1932年には反物質が見つかり，物質とぶつかると消滅して光子になることが確認された．1936年にパイオン（またはπ中間子）とミュオン（またはミュー粒子）が発見され，1947年にはV粒子と$\overset{\text{ラムダ}}{\varLambda}$粒子が発見された．その後1960年代くらいまでの間に100種類を越える新粒子が発見されたのである．まさに「新粒子ラッシュ」である．

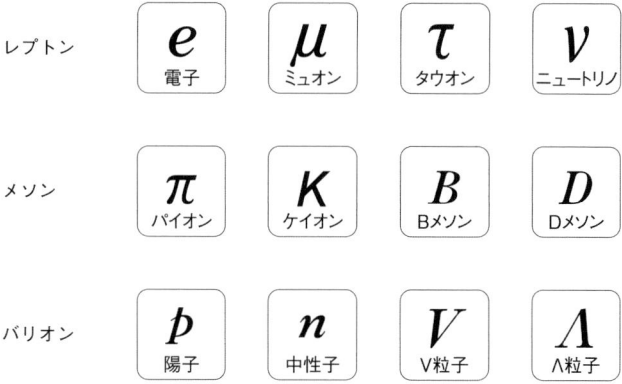

図 2-1 初期のころに発見されたさまざまな粒子のグループ分け
これら新粒子は発見後間もなく，3つのグループに分けられることがわかった．

さまざまな粒子が発見されたが，それらがグループ化できることはすぐに明らかになった．図 2-1 は新粒子の一部を表している．最上段は**レプトン**といい，ギリシャ語で「軽い」を意味するレプトス（λεπτός）からきている．中でも電子は発見から 100 年を経た，おなじみの粒子である．ちなみに「電子（エレクトロン）」はギリシャ語でコハク（静電気を発する）からきている．ニュートリノは質量があるのかないのかわからないくらい軽い粒子である．この最上段の粒子は，いずれも分割できない文字通りの素粒子だ．

2 段目はギリシャ語で「中間的な」を意味する**メソン**（中間子）と呼ばれる粒子である．最下段の陽子や中性子を始めとする**バリオン**はギリシャで「重い」を意味するバリス（βαρύς）から来ている．メソンとバリオンをまとめて**ハドロン**と呼ぶ．ハドロンはギリシャ語で「強い」を意味するハドロス（ἁδρός）からきている（何が「強い」のかは後述する）．

とはいえ，このように質量の大小をもとに新粒子を分類していたのは，歴史的な経緯であり，現在では質量による区別という観点は薄れてしまった．たとえば，「軽い」はずのレプトンでも，τ粒子（タウオン）の質量は陽子の 1.89 倍もあり，充分重い．現在では，粒子に働く力の違いによる本質的な分類が基礎になっている（図 2-2）．

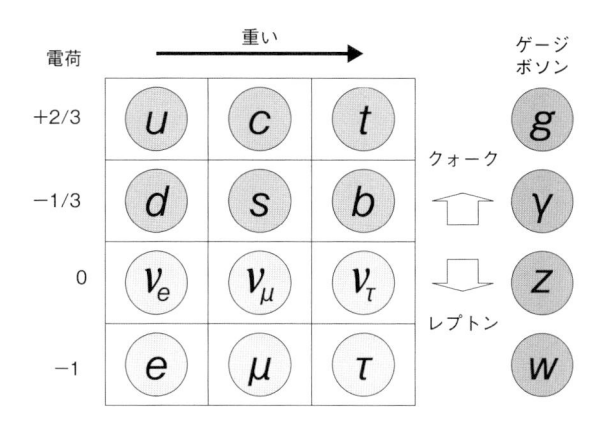

図 2-2 現在の素粒子の分類
クォーク，レプトン，ゲージボソン(g, γ, Z, W)に分類される．

　ここに挙げた以外にも，ρメソン，ξ粒子など数え切れないほどの粒子がある．しまいには名前をつけきれなくなって，ρ(770)，ρ(1450)などとその粒子の質量で名前をつけるようになってしまった．しかし「素粒子」は究極の物質単位であるのにこんなにたくさんあるとは思えない．あまりの新粒子ラッシュに，物理学者たちは，「これらの新粒子は，さらに分解できるのではないか」と考え始めた．

　実際，その通りになり，現代の物理学は，6種のレプトンと6種のクォークの合計12種類の素粒子の組合せで物質が構成されることを証明した．1994年には，予想されていた最後の素粒子であるトップクォークが見事に発見され，12種類の素粒子が全部そろった[3]（図 2-2）．

---

[3] 6種のクォーク： 小林・益川理論により6種類必要なことが提唱された．イタリアのN. キャビーボ(Nicola Cabibbo)が提唱していた理論では，クォーク同士が互いに姿を変える(変身する)とされた．キャビーボはこのクォークの混合を2行2列の特殊な行列で表示した．日本の小林誠(高エネルギー加速器研究機構原子核研究所元所長)と益川敏英(京都産業大学理学部教授，元京都大学基礎物理学研究所所長)は，キャビーボの理論を発展させ，3行3列にすると，観測されていたCP対称性の破れが説明できることに気づき，1973年に論文を発表した．小林・益川の両名は，この業績により2008年度のノーベル物理学賞を受賞した．このとき，キャビーボは受賞に洩れた．キャビーボの理論は自然界を完全に説明せず，小林・益川理論が実験結果をうまく説明できたのが，受賞の分かれ目になったのかもしれない．

陽子　　　　　　中性子　　　　　π⁺メソン

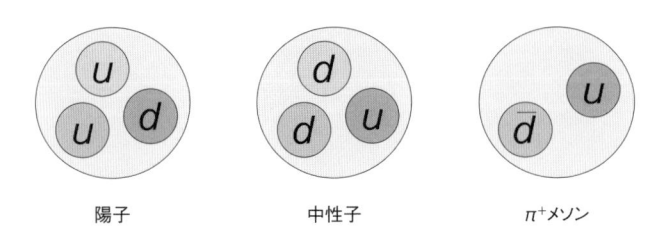

図 2-3　クォークモデル
　陽子や中性子などのバリオンはクォークが3個，メソンはクォークが1個と反クォーク1個の合計2個によって構成されている．

　バリオンはクォーク(q)が3個，メソンはクォークが1個と反クォーク($\bar{q}$)1個の合計2個によって構成されている．反クォークは反粒子の一種で，クォークとは質量が同じだが電荷の正負などが反転している粒子である．

　私たちの生活圏はすべてuクォーク（アップクォーク）とdクォーク（ダウンクォーク）の2種類によって構成されている．その他の4種類のクォークは宇宙線に含まれている．陽子と中性子は図2-3のように3つのクォークからつくられており，パイオンの一種であるπ^+はクォークと反クォークからできている．

　レプトンには3種類の荷電レプトン（電子e，ミュオンμ，タウオンτ）とその反粒子，それに対応する3種類の電荷のないニュートリノ（電子ニュートリノν_e，ミューニュートリノν_μ，タウニュートリノν_τ）とその反粒子が存在する．

　面白いことに，素粒子反応の前後でレプトンの総数から反レプトンの総数を引いた数は変化しない．そこでレプトンには+1を反レプトンには-1を与え，これをレプトン数と呼ぶことにする．すなわち反応の前後でレプトン数の和は保存する．

　ニュートリノは質量もきわめて小さく，電荷もゼロであるが，電子と同じくレプトン数は1である．式2-1は中性子が崩壊して，陽子，電子，反ニュートリノが生成されるベータ崩壊の様子を示している．式2-1の両辺にe^+をそれぞれ足すと（式2-2），逆ベータ崩壊に対する式2-3を得る．ベータ崩壊と逆ベータ崩壊は3, 4, 5章それぞれで出てくるので，よく覚えておいてほしい．

$$n \rightarrow p + e^- + \bar{\nu}_e \tag{2-1}$$

$$n + e^+ \Leftrightarrow p + e^- + e^+ + \bar{\nu}_e \tag{2-2}$$

$$n + e^+ \Leftrightarrow p + \bar{\nu}_e \tag{2-3}$$

たとえばベータ崩壊に対応するレプトン数を見ると，式 2-4 のように確かに保存していることがわかる．

$$0 = 0 + 1 + (-1) \text{（レプトン数）} \tag{2-4}$$

実は，バリオンに対する似たような数，「バリオン数」というのもあり，レプトン数と同じく，式 2-1 の反応の前後でバリオン数も保存している．

$$1 = 1 + 0 + 0 \text{（バリオン数）} \tag{2-5}$$

バリオンはクォーク 3 つからできているので，バリオン数保存は「クォーク数」（クォークが 1，反クォークが -1）の保存と考えられる．式 2-1 の反応の前後では電荷も保存する．

$$0 = 1 + (-1) + 0 \text{（電荷）} \tag{2-6}$$

逆ベータ崩壊 (式 2-3) についても確認してほしい．

2.2 粒子が結びつく力

1 つ 1 つの原子を見ると，プラスの電荷を持つ原子核の周りを，マイナスの電荷を持つ電子が回っている[4]．原子核は，プラスの電荷を持つ陽子と，電荷がゼロの中性子からできている．原子が集まっていろいろな物質をつくるとき，原子が持っている電子をやりとりして結合する．そして，物質を壊すには，やりとりされている電子を原子から引き離せばいい．ではそれには，どの程度のエネルギーが必要だろうか？

ここでエネルギーの単位として電子ボルト (eV,「イーヴィ」と略して読むこともある) を使う．この単位は後に素粒子のエネルギーを表すときに出てくるので覚えておくと便利である．

1 eV = 1 つの電子を 1 ボルト (V) の電圧で加速したときに電子が持つエネルギー

---

[4] 惑星のように太陽の周りを回っているのではなく，原子核の周囲に確率的に存在しているというほうがより実際に近い描像である．

という約束である.

　さて，普段目にするごく一般的な乾電池のプラスとマイナスの間には1.5 Vの電圧がかかっている．プラスとマイナスに導線をつなぐと，導線の端と端の間にもやはり1.5 Vの電圧がかかっている．その中に電子を入れると，電子はマイナスに電気を帯びているので，プラスの方に引きつけられる．

　これは，スポンジでできた薄い平板の上にビー玉を置き，平板の一部を下に引き下げ，くぼみをつくるとビー玉がその部分に転がり落ちていく状況と似ている．このくぼみは**電場**と呼ばれている．くぼみの深さを電圧という．くぼみの中では，2点間の距離が近いほど，その高低には差があまりなく，2点間の距離が遠いほど，その高低差が大きくなる．それと同じで，一様な電場内で距離 d だけ離れている2点間の電圧 V は，ある決まった電場 E に対して，距離 d に比例する関係を持つ．

$$Ed = V \tag{2-7}$$

　また，ビー玉とボーリングの球とではくぼみに引き込まれる力はまったく違う．これは玉の重さの違いである．玉の重さは「電荷」と呼ばれていて，普通 q で表す．くぼみに引き込まれる力 F は，ある決まった電場 E に対して q に比例する関係を持つ．すなわち，

$$F = qE = q\frac{V}{d} \tag{2-8}$$

である．エネルギー（仕事）W は，ある力 F で物体をどれくらいの距離動かしたかで表されるので，

$$W = Fd = qV \tag{2-9}$$

となり，距離には無関係となる．

　以上の議論から興味深い結論を引き出すことができる．電子が加速されて得るエネルギーは，乾電池1個で加速すれば，加速に要した距離にかかわらず常に1.5 eVになるのだ．ビー玉が転がり落ちたときの速度（エネルギー）は高低差が小さいときにくらべて大きい方が高くなる．ビー玉の速度は高低差にのみ依存して，ビー玉が走る距離とは関係ないのと同じである．

　日常的なエネルギーの単位としてよく使われる1カロリー（たとえばアイスクリームを1個燃やすと200キロカロリーである）は 2.6×10^{19} eV に相当

する．電子ボルトという単位がいかに小さなエネルギーを指しているのかがわかる．しかし，アイスクリーム1個に含まれる原子の数を考えてみよう．1 eVは決して小さなエネルギーではない．たとえば，大気中の酸素や窒素などの原子がすべて1 eVで動き回っているとしたら，気温は10万度になってしまう[5]．電子ボルトという単位は，日常生活からすると小さいかもしれないが，分子や原子や素粒子の世界では便利な単位だといえる．

　ここまでで，電場は荷電粒子（電荷を持つ粒子）と相互作用して，エネルギーを与えることがわかった．そしてその単位は，電子ボルトを使うと便利に表せることもわかった．このような考え方のルーツは実は古く，M. ファラデー（Michael Faraday）（1791-1867）の時代にまでさかのぼる．この時代にはもちろん電子，原子核といった概念はなかったが，ファラデーは，電気力線や磁力線を使って，電気や磁石の力を「場」として表す工夫をした．

　電子と原子核を結びつけている力は，電磁力が担っていることがわかった．それでは，原子核内のクォーク同士を結びつけている力はどうだろう？　それは絶対に電磁力ではない．なぜなら，原子核を1つにまとめている力は，（原子核と電子をまとめている力よりも）ずっと強いからである．では，何が原子核を結びつけているのだろうか？　それを探るため，高いエネルギーの陽子を原子核にぶつける実験がたくさん行われた．その結果，原子核をまとめている力として考え出されたのが，**強い力**である．さきほど（26ページ），ハドロンの語源を説明したところで，「何が強いのか」について後述するとしたが，まさにクォーク同士を結びつける力が強いのである．しかし，電磁力と強い力だけでは自然界で起きている反応のすべては説明しきれなかった．

　クォークの理論が考え出された当時は，はじめuクォークだったものはずっとuクォークであり続け，dクォークはいつまでもdクォークのままだと考えられていた．しかし，やがて，ベータ崩壊と呼ばれる反応で，dクォークがuクォークに変わってしまうことが明らかになった．そこで，このクォークの「変身」を説明するために，今度は**弱い力**を媒介する（やはり光子と似た性質を持つ）新しい粒子が考え出され，これがdとuを結びつける役割

---

[5]　原子の結合を壊すには，数eVから十数eV程度あれば充分なのである．たとえば，水素原子の電子を陽子から完全に引き離すのに必要なエネルギーは13.6 eVである．

を担うと考えられた．弱い力は，距離によって性質が変化し，10^{-16} cm の範囲では電磁力とほとんど同じ性質を示す．ところが，この範囲の外へ一歩でも出ると，とたんにまったく違った様相を呈するのである．おおまかにだが，電磁力と強い力と弱い力を（10^{-11} cm の距離で）比較すると，電磁力を 1 とした場合，強い力は 100 倍，弱い力は 10^{11} 分の 1 と見積もることができる．

　それにしても，すでに 3 種類の力が出てきてしまった．ふたたび，新粒子ラッシュが起きているような印象である．この問題を解決するために，3 種類の力を「統一」しようという試みもある．実をいえば，電磁力と弱い力は，すでに S. ワインバーグ (Steven Weinberg) と A. サラム (Abdus Salam) による電弱統一理論（あるいは素粒子の標準模型）によって，統一的に説明されている（ワインバーグとサラムは 1979 年度のノーベル物理学賞を受賞）．電磁力と弱い力は，上述のように，10^{-16} cm の範囲ではほとんど同じ働きをするのである．これに強い力を加えて，3 つの力を統一的に説明しようという試みがあるが，今のところ成功していない．3 つの力を統一する理論のことを大統一理論と呼ぶことがある．

　ところで，われわれは肝心の力を忘れていないだろうか？　そう，人類が最初に発見したのは，電磁力ではなく，**重力**だったはずだ．宇宙にも重力はみなぎっている．誰にもなじみが深い重力は，どの素粒子が担っているのだろうか？　実は，重力は，弱い力と比べてもはるかに弱いことがわかっている．電磁力を 1 とすると，重力は 10^{38} 分の 1 と極端に弱いのである．そんなに弱いはずの力が，なぜ，日常生活のレベルでは最も目立つのかといえば，それは，重力にはプラスとマイナスがないからである．電磁力のように，プラスとマイナスの電荷がある場合，プラスとマイナスが打ち消し合ってゼロ（＝中性）になることが多いから，日常生活ではあまり目立たない．だが，重力の場合は，プラスの質量はあっても，マイナスの質量は存在しないから，相殺されることがない．まさに塵も積もれば山となるという感じで重力は目立ってしまう．これが，人間が地面に縛りつけられている理由であり，天体同士に働く力も重力だけ考慮すればいい理由なのである．

　重力は，素粒子レベルでは，きわめて弱いため，素粒子レベルでのデリケートな実験をすることができない．重力も電磁力と同様にやはりスポンジの

ようなものを媒介として働くと考えられていて，そのスポンジには「重力子（グラヴィトン）」という仮の名前がついている．しかしそのスポンジの正体は，現在でも判明していない．エネルギーを持つ，あらゆる素粒子に普遍的に働くと考えられている重力子の正体が不明であるのは，実に不思議なことといわねばなるまい．素粒子レベルでの重力の解明は，量子重力理論と呼ばれる分野で研究が進められている．

現在，素粒子を理論・実験で扱う場合には，重力の存在は無視して，電磁力，強い力，弱い力だけを考慮するのがふつうである．

2.3 光速で飛ぶ粒子

高エネルギー素粒子はほぼ光の速度で飛行する．光の速度で運動する物体の振舞いを記述するのが相対性理論だ．ここでは高エネルギー素粒子が起こす物理現象の理解に必要な法則を学習しよう．

質量とエネルギーの等価性

200年以上もの間，ニュートンの運動方程式は正確無比だと信じられてきた．しかし，1905年にA. アインシュタイン（Albert Einstein）が発表した特殊相対性理論により，ニュートン力学は，大幅な修正を迫られた．特殊相対性理論のうち，最も素粒子に関係が深いのは，質量とエネルギーが等価であるというものである．

$$E = mc^2 \tag{2-10}$$

方程式2-10から質量とエネルギーは本質的に同じ物理量であることが導かれる．それが象徴的に現れているのが原子力発電だろう．原子力発電に使われるウラン1グラム(g)が核分裂して，1万分の1gの質量が減少すると，実に石炭約3トン(t)分に相当する熱エネルギーが発生するのである．

これまで登場してきた粒子の質量も，エネルギーの単位で表すことができる．表2-1に電子，中性子，陽子の質量をキログラム(kg)で表した値と，エネルギーの単位電子ボルト(eV)で表した値が併記してある．kgによる表示だと，あまりに小さくて実用的でないことがおわかりいただけると思う．電

表 2-1 電子, 中性子, 陽子の質量

	電子	中性子	陽子
M (eV)	5.1100×10^5	9.3957×10^8	9.3827×10^8
M (kg)	9.1094×10^{-31}	1.6749×10^{-27}	1.6726×10^{-27}

子ボルトというエネルギーの単位は, このような小さな粒子の単位にぴったりだ.

質量とエネルギーの等価性から,「放射性物質はどうして存在するのか？」というような疑問も簡単に説明することができる. 原子核の質量は当然, 陽子と中性子の質量をあわせたものになる. しかし実際には, 陽子と中性子の質量の合計よりも, 原子核の質量の方が小さくなってしまう. この差は一体どこへいってしまったのだろう？ 実は, 失われた質量は方程式 2-10 によって, 両者を結びつける**結合エネルギー**に変わってしまったのである. 中でも鉄は質量の減少が大きく, 結合エネルギーが大きいため安定であるが, 反対にラジウムやウラニウムでは質量の減少が小さく, 中性子や陽子をお互いに引き合う力が弱くなって, 放射能[6]を持つようになる.

相対性

19 世紀中ごろまでの物理学では, 光は波としての性質を持っていることが信じられていた. しかし, 光が波として伝播するためには媒質(medium)が必要だった[7]. そのため,「エーテル」と呼ばれる仮想の媒質が仮定されたのだが, これが相対性理論を生み出すもととなったのは面白い. エーテル(aether)の語源はギリシャ語の αιθήρ で, 古代ギリシャでは, 天空を満たす物質を意味した. もし, 宇宙中をエーテルが満たしているのだとすれば, 地球は公転によってエーテルの中を進んでいるのだから, 地上ではいわば「エーテルの風」が吹いていることになる. もし本当だとしたら, これは光速の

---

[6] よく新聞やテレビなどで「放射能が出る」という表現に出くわすが, あれは正確ではない. 放射能(radio activity)は, 文字通り「放射する能力」のことであり, 放出されるのは放射線なのだ. さらにいうならば,「線」(ray)も歴史的な表現の名残りであり, その実態は, 電子や光子や中性子などの粒子なのである.

[7] 媒質(medium)の複数形はメディア(媒体, media)として日本語でも馴染みが深い. 新聞やテレビなどのメディアは, 情報を「媒介する」のが仕事なのである.

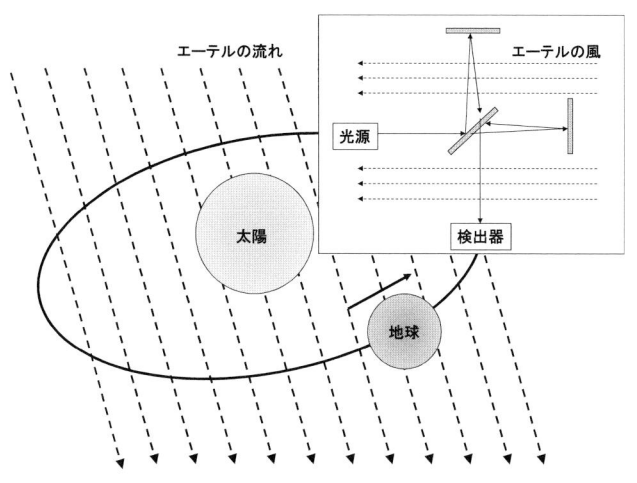

図 2-4　マイケルソンの実験セットアップ

変化としてとらえられるはずである．

　地球の公転速度は，およそ秒速 30 km である．つまり，地球には秒速 30 km の「エーテルの風」が吹いているはずである．これは，水中を歩くと水の抵抗を感じるのと同じだ．もちろん，地球の運動とエーテルの流れがたまたま一致して無風状態になることもありうる．しかし季節が変われば，再びエーテルの風が吹くだろう．エーテルが常に地球と同じ方向に動いているとは考えにくいからだ．地球上のどの場所であっても，エーテルの風の向きや強さは，季節や時刻とともに変化するはずなのだ．光はエーテルに乗って伝播するのだから，順風のときに速く，逆風のときに遅く伝わるだろう．したがって，異なる方向や時刻について光の速さを調べることで，地球のエーテルに対する相対運動を知ることができるはずだ．

　この考えをもとに，1881 年 A. A. マイケルソン（Albert Abraham Michelson）は図 2-4 のようなエーテルの流れを検出する実験方法を考案した．まず，光源から出た光を，半分反射，半分透過させる鏡（ハーフミラーと呼ぶ）を通して，2 つの互いに垂直な光線に分割する．それぞれの光線は，しばらく進んだ後に鏡で反射され，中央に戻ってくる．エーテルの流れがあれば 2 つの光線に時間差が生じるはずである．しかし，何度実験を繰り返しても，それぞれの光線が光源を出てから検出器に到達するまでに費やした時間差はゼロで，

2.3　光速で飛ぶ粒子 —— 35

エーテルの存在を否定する結論を出さざるを得なかった．こうしてマイケルソンの緻密な考察と工夫にもかかわらず実験は失敗に終わった．

しかし，後に彼の実験は有名になり，マイケルソンの実験[8]と呼ばれるようになった．エーテルの存在を否定したくなかったオランダの物理学者 H. A. ローレンツ (Hendrik Antoon Lorentz) は，この実験結果をうまく説明するために，「大きな速度で動く座標系では，2点間の距離(物体の長さ)は縮む」というローレンツ収縮を提案した．これが，後にアインシュタインが時空の伸び縮みという概念を持ち込んで解釈を加えることで，相対性理論へと発展していったのである．

そうこうしているうちに，後に続いた好奇心旺盛な物理学者たちにより，19世紀の後半，光の驚くべき性質が明らかにされていった．1888年，光の照射で，金属表面から電子が飛び出す現象が，ドイツの物理学者 W. ハルヴァックス (W. L. F. Hallwacks) によって発見されたのである．強い光を当てると，たくさんの電子が飛び出すが，電子1個当たりのエネルギーに変化はない．強い光はたくさんの光子が金属に当たっている状態だ．

どうやら，光は波というよりは，どちらかというと粒子のようであり，エーテルも必要なさそうである．つまり光は何もないところ(真空)を伝わることができるということだ．

光速を測る物差し

マイケルソンの実験では，光速をどの方向から測っても変化をとらえられなかった．それでは観測者がどこをどのような速度でどのような方向に走ったとしても(これを任意の慣性系という)，光の速度が c $(= 3.0 \times 10^8 \text{ m/s})$ で常に一定である，と考えたらどうだろうか？

だが，このアイディアと，光の粒子性は相容れないものだった．もし光が粒子なら，光を追いかけると光の速度は見かけ上遅くなり，光に向かって走ると光の速度は見かけ上速くなるからである．したがって，「どこからどう見ても光速が不変である」ためには，観測者の動きによって光速を測るとき

---

[8] マイケルソンは後に E. W. モーリー (Edward Williams Morley) とともに改良型の装置を作成したので，マイケルソン・モーリーの実験とも呼ばれる．

の物差しを変えなければ具合が悪くなる．「速度」は「距離÷時間」で定義される，空間と時間が両方入り混じった物理量だ．つまり空間と時間の両方が光速の物差しなのである．「光速」を一定にするためには「空間」と「時間」を切り離さずに，それぞれの物差しの目盛りを変えながら何とかつじつまを合わせていかないといけない．

これを可能にしたのが，アインシュタインによる「時空」という概念[9]と，その概念の上に立った「特殊相対性理論」だ．通常の3次元座標系(x, y, z)に時間tを加えた，静止座標系$K(x, y, z, t)$と速度uで等速移動する座標系K' (x', y', z', t')に次のような変換式を用いる．

$$x' = \frac{x-ut}{\sqrt{1-u^2/c^2}} \tag{2-11A}$$

$$y' = y \tag{2-11B}$$

$$z' = z \tag{2-11C}$$

$$t' = \frac{t-ux/c^2}{\sqrt{1-u^2/c^2}} \tag{2-11D}$$

これがローレンツ変換と呼ばれる変換式だが，その功績がローレンツではなくアインシュタインのものであるのはどうしてだろうか？ それはローレンツ変換をしたときに不変であるような物理量をアインシュタインが見出したからである．その不変量は，空間に時間という概念を加えた量

$$-c^2 t^2 + x^2 + y^2 + z^2 \tag{2-12}$$

である．ここで，便利なように $x_0 = ct$, $x_1 = x$, $x_2 = y$, $x_3 = z$, と置いてつくられる4次元のベクトル x_μ ($\mu = 0, 1, 2, 3$) を4元ベクトルと呼ぼう．時間tにかかっている掛け算の因子cは，光の速度を表す．この値は，私たちが日常使っている時間単位である秒や，空間単位であるメートルを用いると，秒速約30万kmになる．しかし，これでは方程式2-11の計算に常に秒速30万kmが登場してきてわずらわしい．そこで光が1 m進むのに要する時間を

---

[9] 時間と空間を一緒にして「時空」としてまとめ，さらに幾何学的な解釈から理解しようとしたのは，アインシュタインのスイス連邦工科大学時代の数学の先生だった，H. ミンコフスキー（Hermann Minkowski）である．そのため，特殊相対性理論の時空のことを，通常のユークリッド時空と区別して，ミンコフスキー時空と呼ぶ．

時間の単位とすると，式がずいぶんとすっきりする．すなわち（1 m = 1/(3×10⁸)秒と置いて）

$$c = 1 \tag{2-13}$$

と置くのである．相対性理論の方程式の中には，所狭しとばかり，随所に c が出てくる．長さと時間の基本単位には通常，メートルと秒を選ぶ．だが，光が 1 m 進むのに要する時間を基本単位に選ぶことで，式の大半がシンプルになって見やすくなる．たとえば式 2-12 は以下のようになる．

$$x_\mu \eta_{\mu\nu} x_\nu = -t^2 + x^2 + y^2 + z^2 \tag{2-12'}$$

ここで $\eta_{\mu\nu}$ はミンコフスキー計量と呼ばれるもので，式 2-12 を見やすくするために用いた．この計量は 4 × 4 の行列構造をしていて，

$$\eta_{\mu\nu} = \begin{pmatrix} -1 & 0 & 0 & 0 \\ 0 & +1 & 0 & 0 \\ 0 & 0 & +1 & 0 \\ 0 & 0 & 0 & +1 \end{pmatrix} \tag{2-14}$$

と表される．ミンコフスキー計量は，時空の曲がり具合を表すものだ．式 2-14 からどれだけずれているかで，時空がどれだけ曲がっているかがわかる．物体を加速すると，速度が次々と変わっていくため，速度を定義する時間や空間の目盛りも次々と変わっていく．そのため，全体として時空が曲がっているように見えるのである．

変わるのは質量それともエネルギー？

次に運動量 p や質量 m もローレンツ変換により同じ変換を受けることを示そう．静止している人から見て，動いている人の時間は式 2-11D で x をゼロとおいて $t \times \sqrt{1-u^2}$ で遅れているように見える．速度は単位距離進むのに要する時間に反比例するので，静止している人から見て動いている人の速度は $u/\sqrt{1-u^2}$ に見えるはずだ．さらに運動量を（質量）×（速度）で定義すると，次のようになる．

$$p = mu = \frac{m_0 u}{\sqrt{1-u^2/c^2}} = \frac{m_0 u}{\sqrt{1-u^2}} \tag{2-15A}$$

しかし，静止している人から見て，動いている人の速度が光速に近づくにつ

れて $u/\sqrt{1-u^2}$ にしたがって速くなっていくというのは奇妙だ．そもそも光の速度を不変なものにしようとして導入した時空の伸び縮みが，速度を変えてしまうようでは本末転倒である．そこで次のように，速度ではなく，質量の方を変えてみよう．

$$m = \frac{m_0}{\sqrt{1-u^2/c^2}} = \frac{m_0}{\sqrt{1-u^2}} \qquad (2\text{-}15\text{B})$$

式 2-15B で m の右下に 0 がついているのは「静止質量」を意味していて，質量 m が運動によって増加することを示す．

　式 2-15B は，素直に解釈すれば，速度とともに質量が増加する，ということを表している．つまり，物体が止まっているときの質量(**静止質量**)と動いているときの質量は違うというのである．ここで，質量 m が運動によって増加する，とするとちょっとした問題が浮上するのだが，この問題を考える前に，慣性質量と重力質量の定義をしておこう．

　私たちはまず，質量を物体の慣性として定義する．たとえば粒子に力を及ぼし，そのときの加速度を測定すれば，慣性は測定できる．こうして測った質量を慣性質量と呼ぶことにする．次に，質量を引力から定義する．これを重力質量と呼ぶことにする．慣性質量と重力質量が完全に等しければ[10]，方程式 2-15B は重力質量についても正しいことになる．

　まず運動によって慣性質量が増加する(つまり，同じ力を加えても加速しにくくなってくる)ことは，粒子を加速することで確かめられている．さて，ここで式 2-15B にしたがって，運動によって重力質量も増加したらどうなるだろうか？　高速な運動によって，物体に働く引力が強くなるかもしれな

---

[10] 慣性質量と重力質量の等価性については，R. エトベッシュ(Roländ Eötvös)という人が最初に実験をした．地球の重力を，地球の回転による遠心力とくらべてみたのである．前者は重力＋慣性，後者は純粋に慣性の効果である．北極でも赤道でもない場所で，紐からぶら下げたおもりは，重力と遠心力を合成した方向を向くため，地球の中心を向かない．もし，おもりを慣性質量と重力質量の比が違う物質でつくったとすれば，それは理論値からややずれた方向を向くだろう．実際には同じ重さで，異なる2つの物質を棒の両端にぶら下げ，その棒を中心でつるして，東西方向に向ける．もし物質によって慣性質量と重力質量の比が変わるのであれば，棒にトルクが生じる．(エトベッシュより後の) R. H. ディッケ(Robert Henry Dicke)による実験の結果によれば，慣性質量と重力質量の比は，酸素から鉛まで，多くの物質に対して1億分の1の精度で一定だった．

い．これは一大事である．速度を上げると，物体がつくる引力が強くなり，しまいには自重でつぶれてしまうかもしれない．光速に近い速度で運動している慣性系から見ると，地球は自重でつぶれていることになる．

このような矛盾が生じるのは，(1)素粒子レベルの極微の議論を普通の世界に適用したから[11]，あるいは(2)慣性質量の議論を重力質量に適用したから，のどちらかである．まず(1)については現在の技術で実験ができないので確認できない．(2)については式 2-15B を良く見ると答えが見えてくる．式 2-15B を (u^2/c^2 を小さいとして)展開すると

$$m = \frac{m_0}{\sqrt{1-u^2/c^2}} = m_0 \left(1 + \frac{1 u^2}{2 c^2} + \frac{3 u^4}{8 c^4} + \cdots \right) \tag{2-16}$$

となる．両辺に c の 2 乗をかけると

$$mc^2 = m_0 c^2 + \frac{1}{2} m_0 u^2 + \cdots \tag{2-17}$$

右辺の第 2 項にニュートンの運動エネルギーと同じ式が見られることから，この式全体はその物体のエネルギー E を表していると推測できる．つまり慣性質量と思っていたのは実はエネルギーで，運動によって増えているのは，質量ではなくエネルギーであると解釈することが可能だ．粒子を光速近くまで加速すると，同じ力を加えてもなかなか速度が上がらなくなるが，エネルギーはいくらでも付け加えていくことができる．速度が上がりにくくなるのは，速くなるにつれて質量が重くなっていっているわけではなく，エネルギーをいくら足していっても速度が上がらなくなっているだけだと解釈すれば，スッキリと理解できる[12]．

さて，質量とエネルギーの等価性から，新たなローレンツ不変量を導き出すことが可能だ．エネルギー E と運動量 p に対して，(時間と空間のときと同様，) 4 元ベクトル $p_0 = E/c$, $p_1 = p_x$, $p_2 = p_y$, $p_3 = p_z$ を定義する(4 元運動量と呼ぶことにする)．式 2-12 のようにこの 4 元運動量のスカラー積をとると，

---

[11] 最も速いジェット機でも秒速 1 km 程度であるから，私たちが日常経験する範囲では，質量の増加はあまりにも小さすぎて測定することはできない．しかし，素粒子の世界では，100 万 eV 程度のエネルギーでその効果を見ることができる．

[12] 本当に質量が重くなっているのかどうかは，体重計に乗った人物を猛烈に加速して光速に近づけ，目盛りがどう変化するかを確かめない限りわからない．

$$p_\mu p_\mu = E^2/c^2 - \vec{p}^2 \qquad (2\text{-}18)$$

もまた，ローレンツ変換に対して不変な量である．静止した物体については $\vec{p} = 0$ なので式 2-18 は

$$p_\mu p_\mu = E^2/c^2 \qquad (2\text{-}18')$$

である．ここで $p_\mu p_\mu$ を $m^2 c^2$ とおくと $E^2 = m^2 c^4$ となって式 2-10 と一致する．すなわち質量もまたローレンツ不変量であることがわかる．これを式 2-18 に代入すると，

$$E^2 = m^2 c^4 + p^2 = m^2 + p^2 \qquad (2\text{-}19)$$

という関係が導かれる．式 2-19 は非常に役に立つ関係式だ．実際の計算では，不変量を上手に使えば，わずらわしいローレンツ変換をせずに済ませられることが多いからである．

ここで，4 元運動量は 3 元運動量とは異なっていることに注意が必要だ．3 元運動量の場合は通常，$\vec{p}$ あるいは i を 3 つの方向 x, y, z のいずれかの成分として，$p_i (i = x, y, z)$ と書くことが多い．4 元運動量の表記もこのアナロジーからきている．

「エネルギーと質量が等価である」は特殊相対性理論の有名な結論だ．だが，エネルギーから物質と反物質が対生成されるというアイディアに至るには，しばらく時間がかかった．なぜなら，方程式 2-19 に示されている運動量，質量，エネルギーの関係式 $E^2 = m^2 + p^2$ を解くと $E = \pm (m^2 + p^2)^{1/2}$ の正負 2 つのエネルギー解が出てきてしまうからである．当時の物理学者は負のエネルギーの解釈に頭を抱えてしまった．

イギリスの理論物理学者である P. A. M. ディラック (Paul Adrien Maurice Dirac) は 1928 年に，電子の相対論的な振舞いを記述する方程式として，ディラック方程式を考案し，マイナスエネルギーを持つ電子を反物質として初めて解釈した．後にそれは陽電子として実験的に確認 (1932 年) された[13]．ディラックは，電子が負エネルギー状態に落ち込むのを避けるために，すべての負エネルギー状態は $-mc^2$ まで「埋まっている」とした[14]．負エネルギー

---

[13] ディラックは 1933 年度のノーベル物理学賞を（シュレーディンガーと共同で）受賞．また，実験で陽電子を発見した C. D. アンダーソンは，1936 年度のノーベル物理学賞を受賞している．

状態を私たちは観測することができないので，この無限の海は観測不可能である．しかし，海の中の負エネルギー状態中の欠如は，正エネルギーを持っているので，観測可能だ．ディラックはこれを電子の反物質，すなわち陽電子としたのである．

マイケルソンの実験以降，多くの物理学者が光の神秘性に取り憑かれ，重要な事実が明らかになってきた．その1つが，光を当てると，はじき出される電子のエネルギーは光の振動数 ν に比例するという事実である．つまり，光のエネルギー E はプランク定数 h を用いて

$$E = h\nu \tag{2-20}$$

と書くことができる．h が比例定数というわけだ[15]．

ところで，光子には質量がないので，(質量)×(速度)である運動量はゼロなのだろうか？ 光子には進む向きもあり，式2-20のようにエネルギーも測れるので，運動量がゼロということはありえない．実は光子は運動量 p を運ぶこともできて，その量は h を波長 λ で割ったもの，すなわち，

$$p = h/\lambda \tag{2-21}$$

なのである．そして，光速 c で運動している光子には，振動数 ν と光速 c と波長 λ の間に

$$\nu = c/\lambda \tag{2-22}$$

という関係があるので，私たちは光子のエネルギーが pc であることをすぐ見抜ける．エネルギーの次元は(質量)×(速度)の2乗なので，たしかに勘定があっている．

それでは，質量ゼロの粒子が止まったらどうなるか？ 実は止まれないのである．静止質量 m_0 を持つ粒子のエネルギーに対する式は $m_0/\sqrt{1-u^2}$ であった．m_0，$\sqrt{1-u^2}$ が同じ速度で0に近づいた極限として光が存在しているのだと考えれば，エネルギーは有限の値を取ることができる．しかしここで急に光が速度を落として，$\sqrt{1-u^2} > 0$ をとると，光のエネルギーはいきなり0になってしまう．これは明らかにおかしい．質量ゼロの粒子は，常に光速で走

---

[14] この「ディラックの海」は「新世紀ヱヴァンゲリヲン」などのSFに頻繁に登場するが，最近の物理学では，もはやこの解釈は用いない（章末問題2-1参照）．
[15] プランク定数 h は 6.6×10^{-34} m^2 kg/s である．

り続けなければいけないのである．

　少し前にローレンツの考えとして簡単に紹介した(36ページ)が，「ローレンツ収縮」について説明しておこう．エーテルに執着したローレンツが苦し紛れに提唱した空間の収縮であるが，相対論においてもやはりこの問題は残った．アインシュタインの解釈によれば，観測者に対して運動する物体は縮んで観測されるのである．この収縮をローレンツ＝フィッツジェラルド収縮，あるいは単に**ローレンツ収縮**と呼ぶ．

　ローレンツは，ローレンツ変換に出てくる速度 u を，エーテルを基準とする絶対速度と考えていた．アインシュタインは，ローレンツ変換に出てくる速度 u を，慣性系 S と慣性系 S' の間の相対速度と考えた．アインシュタインは，エーテルという余分な仮定を捨て，絶対速度ではなく相対速度を採用した．この発想の飛躍に，アインシュタインの天才性が表れている．

　ローレンツ変換のうち，空間と時間が関与する方向への変換をローレンツブースト（Lorentz boost）と呼ぶ．式2-11で紹介したローレンツ変換はブーストである．広い意味でのローレンツ変換には，実は，通常の空間内の回転も含まれる．回転は，空間同士の変換である．ブーストは回転を含まない変換を指す．アインシュタインは，エーテルを元にした絶対空間と絶対時間を捨て，代わりに光速という絶対量を取り入れ，（縮む）相対空間と（遅れる）相対時間を導入した．また，空間3軸だけでなく，時間を含めた4軸に物理学を拡張したのである．

2.4　電磁相互作用

　2.2節で，宇宙は4種類の力で支配されていることを学習した．このうち，高エネルギー地球科学では主に電磁力の理論を使うため，この節では電磁力に焦点を当てて，学習を進めていきたい．

波動性

　日本の高山の多くにはレーダーが設けられていた．中でも富士山頂のレーダーが最も大きく，最大800 km内の雨雲を観測できたという[16]．このレー

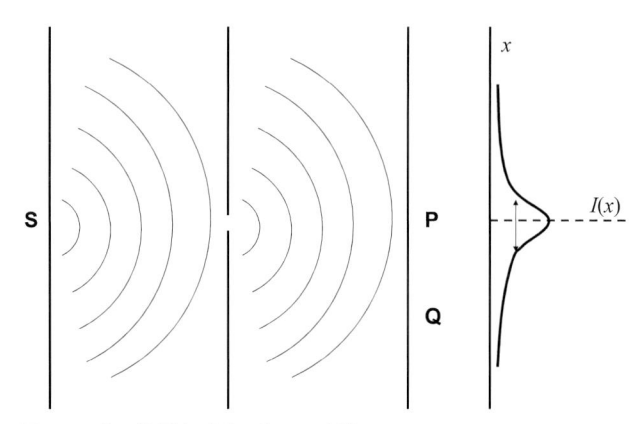

図 2-5 光の位置を正確に決める実験
S は光源，P, Q はそれぞれ光子の数を測定する装置．

ダーは波長 10 cm 程度の電磁波であるから，雨雲に当たると，水の電子と反応して，散乱される．その散乱波を気象台で受信して，雨雲の位置を突き止めるのである．

比喩的な説明になるが，第 1 章で述べたように，光の波長が短い（＝振動数が大きい）と，雨雲を避ける経路はほとんどないが，ラジオやテレビの電波のように波長が長く（＝振動数が小さく）なってくると，直線的でない経路，つまり障害物を経験しない経路もとれるようになる．

富士山レーダーは，電磁波（光）で雨雲の位置をとらえるが，今度は逆に光の位置を正確に決める実験を考えてみよう（図 2-5）．光子の位置を決めるためにはスリットを使うのが便利である．光子はスリットの「どこか」を通るはずだからである．光子の位置を正確に知るためにはスリットの幅を狭くすればよい．光源を S 点，光子測定器を P 点，そしてもう 1 個の光子測定器を P 点の下の Q 点におく．光は S から Q までスリットをはさんでいかなる経路も通っていけるとする（光源，スリット，光子測定器の距離は十分あるとする）．たとえば，波長 5×10^{-5} cm の赤色光を幅 1 mm のスリットと幅 0.1 mm のスリットに通すとしよう．スリット出口での光子の位置はそれぞれ 1

---

[16] 1999 年に運用は終了している．

mm, 0.1 mm の精度で決められることになる.

　スリットを出た後の光の運動量 p を調べてみよう. 1 m 離れた場所にスクリーンを置いて, 明るい部分(これを光の回折像と呼ぶ)の幅を調べてみる. 結果はスリットの幅が 1 mm のときは明るい部分の幅は 1 cm, スリットの幅が 0.1 mm のときは明るい部分の幅は 10 cm である. すなわち, 光子の位置を正確に決めれば決めるほど, 光子がどの向きに運動量を選んだのかわからなくなるのである. なぜだろうか？

　第 1 章で行った砂時計の議論を思い出してみよう[17]. スリットの幅が広い場合は, 光源から P と Q までは, 所要時間が最短となる経路以外にも, いくつもの経路を取ることができる. 一方, スリットを狭くしていくと, 光の通れる間隔がほとんどなくなり, Q 点へ達する経路は所要時間が最短の経路ばかりとなる. スリットの幅が広い場合には, Q 点に届く光は相殺されてしまうが, スリットを狭くしていくと, 相殺が起きにくくなり, Q 点にも光が届くようになる(章末問題 2-8 参照).

　つまり, 光が直線上しか通らないことを確かめようとして光の通路を狭めすぎると, 光は「いうことを聞かなくなって」広がり始める. 光が遮蔽物の内のどこを通るのか, そこを通ったあとどこへ行くのか, 両方を知ることはできない. そういう意味で, 光の観測は, 2 者択一的である. これは量子力学の「**不確定性原理**」の一例である.

　電子が発見された直後の時代には, 原子はちょうど太陽系のようなもので, 太陽の周りを惑星が回るように, 中心の原子核の周りを電子が「軌道」を描いてぐるぐる回っているものと考えられていた.

　1924 年に L. ド・ブロイが電子に関して「波」のような属性を発見した. そして間もなくベル研究所の C. J. デイヴィソンと L. H. ジャーマー(Lester

---

[17] 砂時計の比喩は, 実は, 物理学的にかなり正確な説明だ. 素粒子の世界を記述する基本理論は, 量子力学と特殊相対性理論と考えてよい. その量子力学の定式化にも, シュレーディンガーの波動方程式の方法, ハイゼンベルクの行列力学の方法, ファインマンの経路和の方法などがある(これらはみな, 数学的に同等であることがわかっている). このうち, ファインマンの経路和の方法では, 素粒子の「経路」に沿って,「作用」と呼ばれる物理量の和を計算するのだが, その計算が, ちょうど砂時計の比喩に当たるのである(章末問題 2-7 参照).

Halbert Germer)らが，ニッケルの結晶に電子をぶつける実験の結果から，電子も光子と同様に，いろいろな方向に跳ね返るものであり，その角度はド・ブロイの電子の波長の公式

$$\lambda = h/mv \tag{2-23}$$

で計算できることを示した．電子も光と同じく波動的な振舞いをするということは，光の議論が電子にも適用できるということである．電子の運動量と位置決定精度についても「**不確定性原理**」が成り立ち，力学の法則が首尾一貫したものであるためには，運動量と位置の間には不確定性が要求される．

エネルギーの不確定性[18]

「現在」のほんの少し前でも過去である．「現在」のほんの少し後でも未来である．この「少し」の部分をだんだん短くしていったらどうなるだろうか？「現在」の幅がどんどん狭くなっていって，しまいにはゼロになるだろうか？ ここではまず無限に短い時間の定義について考えてみよう．

図 2-6 のように A から出発したジェットコースターは同じ高さの B までしか上れない．しかし，ジェットコースターは B まできた後，いわゆる「今の間」にいろいろな経路を試して，そのうち，ΔE の障壁を乗り越えて，突然 C に姿を現すことがある．N. H. D. ボーア(Niels Henrik David Bohr)は極微の世界で実際このようなことが起こることに注目して，ある状態からエネルギーが ΔE だけ異なる状態へ移るには，おおよそ

---

[18] 不確定性は量子力学の基本原理である．量子力学では，位置 x や運動量 p といった物理量は，ベクトル空間(ヒルベルト空間と呼ばれている)における演算子になる．演算子は，微分演算子や行列のような具体的な形で表すことができる．たとえば x や p を行列の形で表現した場合，(一般に行列の掛け算は順番を替えると結果が異なることからわかるように，)$x \times p$ と $p \times x$ には差が生じる．いいかえると，$x \times p$ と $p \times x$ は交換できない．この差はプランク定数 h のオーダーであり，不確定性の度合いも同じく h のオーダーである．数学的には，不確定性と交換関係は，同等であることが示せる(章末問題 2-10 参照)．しかし，話は少々複雑になるが，ここで紹介するエネルギーと時間の間の「不確定性」は，このように交換関係と数学的に同等であることは示せない．なぜなら，量子力学においては，時間 t はパラメータであり，演算子ではないからだ．演算子でないために，数学的な意味での不確定性は存在しない．しかし，実際の素粒子実験においては，測定にかかる時間もエネルギーも，無限に正確にはできないから，どうしても不確定になってしまう．

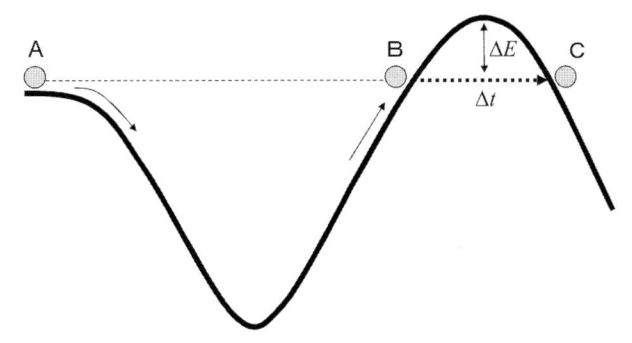

図 2-6 極微の世界ではエネルギー障壁を超えて別の場所に顔を出すことがある

$$\Delta t \approx \frac{h}{\Delta E} \tag{2-24}$$

だけ時間がかかることを発見した．そこで式 2-24 を変形すると，$\Delta t \Delta E \approx h$ という運動量と位置の関係に似た関係が得られる（式 2-23 および 46 ページの脚注参照）．

　古典力学では，過去と未来の間で系の総エネルギーは変化しない．これがエネルギー保存の法則である．考えている時間の幅が狭いと，過去と未来という概念が通用しなくなる．これがボーアの発見である．

　過去，未来は「粒子は所要時間が最小の経路のみを選ぶ」という古典的な世界観が使える日常生活でのみ意味が出てくる．したがって，先の事例のように，時間の幅が非常に狭いという特殊な環境下では「今の間」に系の総エネルギーはいくらでも変化してもよい．これは，もし持続するとエネルギーが保存しなくなるような場合でも，それが一時的であれば，エネルギー保存が破れてもかまわないということを意味する．しかし，ある時間幅の中を自由に行き来できるからといってタイムトリップが可能なわけではない．私たちが日常接する時間とはおおよそかけ離れた世界がそこにはある．

　時間幅 Δt が狭ければ狭いほど，何もない空間にも，ΔE の幅の中でエネルギーが発生することが許される．「今のうち」にこのエネルギーを元に戻せば，エネルギー保存則は破られていないというわけだ．いわば曲芸技である．この Δt に許される幅は「過去，未来が定義されない」幅，つまり，「エ

2.4 電磁相互作用 —— 47

ネルギー保存則が破れている，と主張できない」幅である．したがって，非常に短い時間の中では，さまざまな粒子が，空間の中に無数に湧いては，消えていくという現象が，常に起こっていることになる(41ページの議論を参照)．これらの粒子が普通の粒子と違うのは，「直接観測にかかってはならない」という点である．今の間に出ては消えるような粒子は，私たちの目から見れば，最初から存在していないのと同じだ．特に光子はよく湧いたり消えたりするのであるが，このような実験の初めにも終わりにも現れない光子は「仮想光子」と呼ばれ，実際の光子「実光子」と区別される[19]．絶対観測できないものを存在すると認めて良いのか，と思われるかもしれないが，仮想粒子は「直接」は見えないが，間接的に周囲に影響を及ぼしているのである．

【コラム】 仮想的過程に関する歴史的に重要な発見について触れておこう．1928年にG. ガモフ(George Gamov)は原子核におけるアルファ崩壊を仮想的過程によるエネルギー障壁の透過(トンネル効果)により説明した．アルファ崩壊(α崩壊)は原子核の放射線変の一種で，原子核がアルファ粒子(陽子2個と中性子2個からなるヘリウム原子核)を放出し，原子番号と中性子数が2減る(すなわち，質量数が4減る)ことをいう．崩壊の際，アルファ粒子は原子核内で働く核力(強い力)を振り切るだけのエネルギーを持つわけではない．アルファ崩壊は，日常的な時間概念が崩れ，アルファ粒子がエネルギー障壁を通り抜け，原子核から飛び出すことにより起きている．原子核外へは強い力が及ばず，さらに原子核とアルファ粒子の間には電磁気力による斥力が働いているため，一度外へ出たアルファ粒子はそのまま原子の外へ高速で飛び出していく．

原子の電離

物質中を荷電粒子が通過すると，その道筋に沿って電離(イオン化)が起こ

---

[19] 実粒子と仮想粒子は，前に出てきた式2-19の関係が成り立つかどうかで区別できる．式2-19が成り立つと「質量殻条件(mass shell condition)を満たしている」といわれ，それは実粒子である．式2-19を満たしていないと「質量殻条件を破っている」といわれ，それは仮想粒子である．光子も話は同じだ．実光子の場合は質量 m がゼロだから，$E = pc$ という関係が成り立つが，仮想光子だと，$E \neq pc$ になる．仮想光子は，あたかも質量を持っているかのように振舞うわけである．

る．電離というのは，物質中の原子または分子がプラスイオンと電子に分かれる現象だ．宇宙線の中には陽子，アルファ線（ヘリウムの原子核），電子，ミュオンなど多くの荷電粒子が存在するが，ニュートリノを除いて，どの粒子も原子や分子を電離する能力を持っているので，電離放射線あるいは**電磁粒子**(electromagnetic particle)と呼ばれる．γ線などの高エネルギー光子も間接的に電離する能力を持っているので，電磁粒子の一種に分類される．可視光線や紫外線，赤外線も広い意味では宇宙線の仲間だといえるが，どれも電離は起こさない．

エネルギーの一番低い原子の定常状態を**基底状態**(ground state)あるいは**基底単位**(ground level)といい，$n=1$で表す．原子が電子や他の原子との衝突によって，あるいは波長の短い電磁波（紫外線，X線など）を吸収することによって，基底状態からエネルギーの高い状態に移ることを**励起**(excite)されるという．**励起状態**(excited state)は一般に短く（10^{-8}s 程度），電磁波を出しながら基底状態に戻る．

充分なエネルギーを吸収して，$n=\infty$の準位まで励起された状態は，ちょうど，電子が原子核の引力圏外まで出た状態，すなわち，原子が電子を1個失って**電離**(ionize)された状態に相当する．$n=1$と$n=\infty$とのエネルギー差が**電離エネルギー**(ionization energy)で，普通 eV の単位で表す．たとえば，水素原子の電離エネルギーは 13.53 eV で，水素原子がこのエネルギー，あるいはそれ以上のエネルギーを吸収すると，電子を失って水素(H^+)イオンになる．$n=\infty$よりエネルギーの高い状態は，原子から離れた電子（自由電子）が運動エネルギーを持って運動している状態に相当し，エネルギーは連続的な値をとる．表2-2にさまざまな物質の中でイオンを1対つくるのに必要な平均エネルギー I (eV)を示す．

荷電粒子のエネルギーがある程度よりも高くなると，粒子のエネルギーの電離による損失は，どんな種類のどんなエネルギーの粒子でもほぼ一定となり，大体 1.5-2.0 MeV/(g/cm^2) となる．この状態の粒子を**最小電離の粒子**(minimum ionizing particle; MIP)と呼ぶ．このエネルギー範囲では，粒子の速度が光速に近く，したがって粒子の運動に対して相対論的取り扱いが必要なので，**相対論的粒子**(relativistic particle)とも呼ぶ．表2-2に与えられた I を

表 2-2 物質の中でイオンを 1 対つくるのに必要な平均エネルギー

	水素	炭素	アルミニウム	鉄	鉛	空気	水
I (eV)	14	60	150	240	1000	80	約 80

表 2-3 相対論的荷電粒子が物質の中で単位長さ当たりつくり出すイオン数

	鉄	鉛	空気
イオン数(cm 当たり)	約 50000	約 20000	約 20
イオン数(g/cm^2 当たり)	約 5000	約 2000	約 20000

使って相対論的粒子が物質の中で単位長さ当たりにつくりだすイオン数を計算すると，表 2-3 のようになる．イオン数は「cm 当たり」と「g/cm^2 当たり」の 2 通りで示してある．g/cm^2 とは粒子の通った後に沿って，物質を単位面積 1 cm^2 切りとって，その質量を測ったときの値である．物質の厚さの 1 つの単位で，「単位面積当たり何 g の厚さ」と呼ぶ(g/cm^2)．たとえば密度 7.9 g/cm^3 の鉄板については，厚み 3 cm の鉄というかわりに(7.9 と 3 をかけて)厚さ 23.7 g/cm^2 の鉄ということができる．

イギリスの C. T. R. ウィルソン(Charles Thomson Rees Wilson)は，荷電粒子の電離現象に注目し，1911 年に**霧箱**(cloud chamber)を発明した．図 2-7 の A の中を空気や水やエタノールの蒸気で飽和状態にしておき，圧力を急に下げると，A の空気は断熱膨張して温度が下がり，過飽和状態になる．このとき荷電粒子が通ると，電離作用によってその道筋に沿ってイオンができ，これを核にして細かい霧が発生する．これをうまく拡大して 1 つ 1 つの霧滴を数えることができるようにすれば，粒子の飛跡のイオン密度を知ることができる．霧箱で，このような操作をすることを**ドロップカウンティング**(drop counting)と呼ぶ．

エネルギー E の荷電粒子が気体によって完全にせき止められたときに形成されるイオン対の平均数を N とすれば，1 つのイオン対を形成するために**気体中で費やされる平均のエネルギー**(average energy expanded in a gas per ion pair formed)$\overline{W}$ は次の式で表される．

$$\overline{W} = \frac{E}{N} \tag{2-25}$$

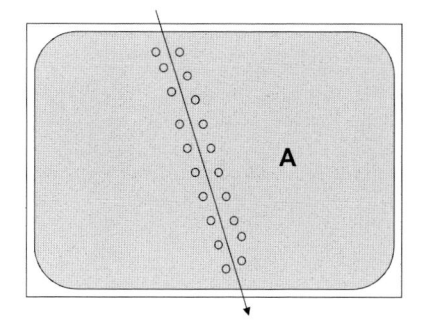

図 2-7 ウィルソン霧箱の原理
　　図中の粒々は電離作用によって生じたイオンを核にして発生した霧滴を表す．

　1950 年代に入ると新しい素粒子検出器が登場する．これは 1952 年アメリカの D. A. グレイザー（Donald Arthur Glaser）が発明した検出器で，**泡箱**（bubble chamber）と呼ばれている．圧力容器に水素，重水素，ネオン，プロパンなどの液化したガスをいれ，その沸点より少し低めの温度に保っておく．そして電離能力のある放射線が通った直後，1 ミリ秒くらいの間に急に圧力を下げると，液温は沸点より高くなり，荷電粒子の飛跡に沿って液体中に泡が発生する．電離されたイオンの再結合により発生する熱のしわざだ．液体は気体よりもはるかに密度が高いため，飛跡がきわめて鮮明に見える．図 2-8 は γ 線による電子・陽電子の対生成の泡箱の写真である．磁場により回転の向きが反対になっている様子がよくわかる．ちなみに，この泡箱は，ある日グレイザーがパブでビールの泡をぼんやり見つめているときに閃いたという．

　残念なことに，ときとともに 5 m を超える巨大な泡箱でも収容しきれないほどの高エネルギー素粒子が現れてしまい，現在では，こうした装置以外にもさまざまなタイプの検出器が開発されている．

相対論的ミュオンによる電離作用

　ここで，相対論的ミュオンが物質を電離する様子をもう少し詳しく見てみよう．荷電粒子が光速に近い速度で走ると，周りの電場はローレンツ収縮により進行方向に縮まり，進行方向と直角の方向にいわば「電場の壁」のようなものが形成される．この「電場の壁」を引きつれた荷電粒子が，さらに電子のそばを通ると，その電子は強い衝撃波にみまわれ，それによって電子が原子から剝ぎ取られてイオン化，すなわち電離するのである．

2.4　電磁相互作用 —— 51

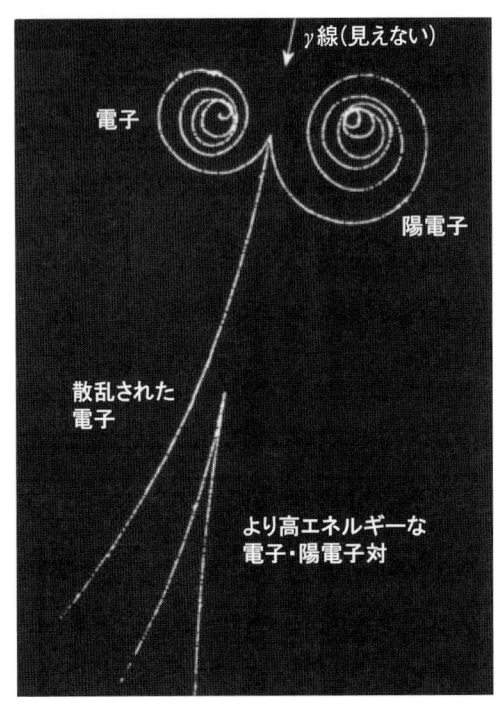

図 2-8 γ線による電子・陽電子の
対生成の泡箱の写真

　まず，光速よりはるかに遅い速度 v で走っている電荷 e のミュオンについて考えてみよう．粒子の通り道から距離 r 離れた電子はいったいどの程度の力を受けるだろうか？　荷電粒子間に働く力 F は電荷量の2乗に比例，距離の2乗に逆比例することから，

$$F = \frac{e^2}{r^2} \tag{2-26}$$

である[20]．今度はミュオンが光速に近い速度 u で走っているとする．電場の勾配はローレンツ収縮で縮んだ分に比例して強くなる．つまり，前式にローレンツ収縮分をかければよく，

---

[20]　高校ではクーロンの法則に比例定数 $k = 8.9876 \times 10^9$ N·m^2/(A^{2}s^2) が入っているが，電磁気学にはさまざまな単位系があり，たとえば静電単位系では，ここに出てきたようにクーロンの法則が簡単な形になる．ただし，その代償として，マクスウェルの方程式が多少複雑になる．

$$F = \frac{1}{\sqrt{1-u^2}} \frac{e^2}{r^2} \tag{2-27}$$

である．ここで $u/c = u$ である[21]．

次に，ミュオンはどの程度の時間，電子に力を及ぼし続けるか考えてみよう．力の及ぶ範囲はせいぜい r の数倍程度だろう．ここでは仮に粒子が電子のそばをおよそ $2r$ 走るくらいの時間は力を及ぼせるとする．ただし，観測者から見て電場は $\sqrt{1-u^2}$ 倍縮むので衝突時間 t は，

$$t = \frac{2r}{u}\sqrt{1-u^2} \tag{2-28}$$

である．「力」とその力が及んでいる「時間」をかけたもの（＝力積）は，ミュオンの運動量変化に等しい．電子が初め静止していたとすれば，運動量変化，すなわち，この衝突によってミュオンから電子に移る運動量 p は，

$$p = F \times t = \frac{2e^2}{ur} \tag{2-29}$$

である．したがって，この衝突によって電子が得るエネルギー E は，電子が相対論的な速度領域にまで加速されないことを考慮して，

$$E = 2m \frac{r_e^2}{u^2 r^2} \tag{2-30}$$

ここで，$r_e = e^2/m_e c^2 = e^2/m_e = 2.818 \times 10^{-13}$ cm は古典電子半径[22]である．

ミュオンがある物質を通過する場合を考えてみよう．通過する物質の原子量を A とすると，A グラム（g）の物質中に $N = 6.02 \times 10^{23}$ 個の原子が含まれていることになる．したがって，dx g/cm² の厚みの物質の中には 1 cm² 当たり $(N/A)\,dx$ 個の原子が含まれている計算になる．ただし，1個の原子には原子番号だけの電子があるから $Z(N/A)\,dx$ の電子が dx g の物質中に含まれる．したがって，図 2-9 のようにミュオンの経路からの距離が r と $r + dr$ との間

---

[21] $c = 1$ の単位系である．この単位系での速度 u は 0 から 1（＝光速の 0 %から 100 %）の値を取り，比速と呼ぶことがある．

[22] 電場の静電エネルギーが質量エネルギーよりも大きくなってしまう臨界半径のこと．電子の全エネルギー U は電子の半径を r_e とすると，$U = e^2/r_e$，電子の静止エネルギーは $m_e c^2$ であることより導くことができる．このあたりでは古典電磁気学が矛盾してしまい，確実に量子効果が効いてくる．

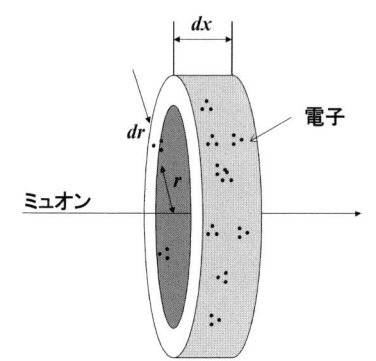

図 2-9 ミュオンの経路からの距離が r と $r + dr$ との間でミュオンの進行方向で dx g/cm² の厚みに含まれる電子

でミュオンの進行方向で dx g/cm² の厚みに含まれる電子の数は,

$$\frac{NZ}{A} 2\pi r dr dx \tag{2-31}$$

である. 方程式 2-30 を

$$r^2 = 2m \frac{r_e^2}{u^2 E} \tag{2-32}$$

と変形して, E で微分を行うと,

$$2rdr = -\frac{1}{E^2} 2m \frac{r_e^2}{u^2} dE \tag{2-33}$$

となる.

この方程式は, ミュオンと電子の距離 r と, 電子に与えたエネルギー E との関係を表す式である. したがって, 方程式 2-33 を式 2-31 に代入することによって, ミュオンが非常に短い距離 dx g/cm² を走る間に, ある 1 個の電子に E から $E + dE$ との間のエネルギーを奪われる確率 $\xi_{\text{ion}}(E) dE dx$ が得られる. すなわち,

$$\xi_{\text{ion}}(E) dE dx = 2\pi m \frac{NZ}{A} \frac{r_e^2}{u^2} \frac{dE}{E^2} dx \tag{2-34}$$

である. 荷電粒子が単位厚み 1 g/cm² を走る間に失うエネルギーは, 電子が粒子からいろいろな距離 r にあるため, 電子に与えられるエネルギーを r について積分すればよい. 式 2-31 を変形して,

$$\int \frac{NZ}{A} 2\pi r E dr \tag{2-35}$$

を得る．この式に方程式 2-30 を代入することにより，式 2-35 は以下のようになる：

$$\frac{NZ}{A} \frac{4\pi r_e^2 m}{u^2} \int \frac{1}{r} dr \tag{2-36}$$

積分は，r として考えられうる最短距離 r_1 から，最長距離 r_2 まで実行すればよい．$1/r$ の積分が $\log r$ であることを使って，式 2-36 は以下のようになる：

$$\frac{NZ}{A} \frac{4\pi r_e^2 m}{u^2} \log \frac{r_2}{r_1} \tag{2-37}$$

ここで，最短距離 r_1 と最長距離 r_2 を見積もってみよう．ただし，これらの値は式 2-37 の log の中に入っているために，多少ずれても式全体には大きな影響を与えない[23]．

まず，最長距離 r_2 について考えてみる．そのためにはまず，原子核に束縛されている電子が吸収する光子について考える必要がある．もしこの光子のエネルギーが，原子の電離エネルギーよりも高ければ，電子は跳ね飛ばされる．光のエネルギーは，振動数に比例する（$E = h\nu$）ので，光の振動数がある原子を電離できる臨界値よりも小さいと，その原子の電子を跳ね飛ばすことができない[24]．

つまりこれが入ってきたミュオンが電子に及ぼすことができる最長距離だといえる．このエネルギー E は原子番号を Z とすれば大ざっぱに $10 \times Z$ eV ぐらいである（表 2-2 参照）．つまり，おおよその衝突時間（式 2-28）がそれより短ければ電子を電離することができる．すなわち

$$\frac{2r}{u}\sqrt{1-u^2} < T = \frac{1}{\nu} = \frac{h}{E} = \frac{h}{10 \times Z \text{ eV}} \tag{2-38}$$

---

[23] log がゆっくり変化する関数であることを思い出すこと．たとえば，log の底が 10 の場合，log 1000 = 3 という具合に「桁」を抽出するのだから，1000 が多少ずれても変動は少ないのである．

[24] $E = h\nu$：ここで h はプランク定数である．光の波長は振動数に反比例するので，光の振動数が臨界値より小さいというのは，光の波長が臨界値より長い，といいかえてもよい．

である．よって，最長距離 r_2 は以下で与えられる：

$$r_2 \approx \frac{uh}{20 \times Z\,\mathrm{eV}\sqrt{1-u^2}} \tag{2-39}$$

一方，空間の位置と運動量の間には**不確定性**が存在し，1つの粒子をもう1つの粒子に向かってぶつけるときに，狙いの精度を無限に高めることはできない．運動量 p のミュオンを他の粒子に当てるとき，その狙いは $\lambda \sim h/p$ くらいぼけてしまって，それ以上狙いを精密にすることはできないのだ．それでだいたい，この λ を r_1 の目安にすることができる．こうして，

$$r_1 \approx \frac{h\sqrt{1-u^2}}{mu} \tag{2-40}$$

を得る．

この r_1 と r_2 から

$$\log \frac{r_2}{r_1} \approx \log \frac{mu}{h\sqrt{1-u^2}} \cdot \frac{uh}{40\pi Z\sqrt{1-u^2}} \tag{2-41}$$

$$= \log \frac{mu^2}{40\pi Z(1-u^2)}$$

これを方程式 2-37 に代入すれば，速さ u のミュオンが原子量 A，原子番号 Z の物質 1 g/cm^2 を通る間に失うエネルギーが得られる．

$$-\frac{dE}{dx} = \frac{ZN}{A} \frac{4\pi r_e^2 m}{u^2} \log \frac{mu^2}{40\pi Z(1-u^2)} \tag{2-42}$$

$$= 0.6 \frac{Zm}{Au^2} \log \frac{mu^2}{40\pi Z(1-u^2)}$$

ここで

$$\pi N r_e^2 = 0.15 \tag{2-43}$$

を用いた．方程式 2-42 を見ると，物質に関係する変数として Z/A が入り，log の中には Z だけが入っているのがわかる．log は大変にぶい関数であるから，物質の影響はほとんど Z/A だけと考えてよい．Z/A は周期表を引いてみるとわかるように，どの元素についてもだいたい 1/2 くらいである．つまり g/cm^2 の単位で測った一定の厚みについて電離によるエネルギー損失は，物質の種類とほとんど関係ないのである．次に気がつくことは，入射ミュオ

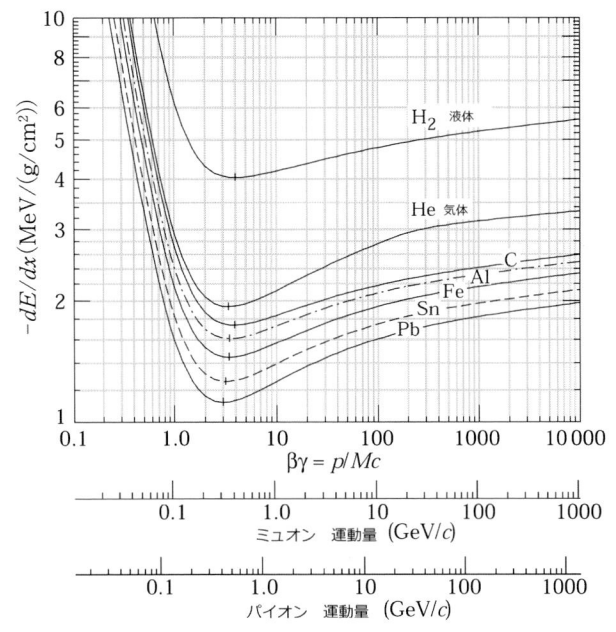

図 2-10 さまざまな物質の電離損失曲線(C. Amsler *et al.* (2008) Physics Letters, B667, 1)

ンのエネルギー(速度)が大きくなるにつれて分母の u^2 が急速に大きくなるので，dE/dx はいったん急速に小さくなるということだ．

しかし，ミュオンの速度が光速に近づくと，u^2 は 1 に近づくため，dE/dx の減少は止まる．その代わり，今度は log の中の分母 $(1-u^2)$ がゼロに近づいていくため，再び dE/dx は増加し始める．そのちょうど増加を始める点が**最小電離点**(minimum ionization point)である．図 2-10 にさまざまな物質の電離損失曲線を示した．横軸に u の代わりに $u/\sqrt{1-u^2} = u\gamma$ を使ってある．これは，粒子の質量を M として，

$$u/\sqrt{1-u^2} = Mu/M\sqrt{1-u^2} = p/M \tag{2-44}$$

なので，運動量を粒子の質量を単位として表したものである．図を見るとわかるように，粒子の質量比分，運動量の軸が伸ばされている．つまり，ある粒子より質量が n 倍重い粒子は，n 倍大きい運動量を持つと，まったく同じ電離の様子を示すことになるのだ．

図からわかるように，電離損失曲線を見ると，電離は荷電粒子の運動量がMの3倍程度以上ならたいした違いはなく，1 g/cm^2 当たり 1.5-2 MeV 程度であるが，運動量がそれ以下に下がると電離は急激に増える．この**最小電離のエネルギー損失**(minimum ionization loss)を電離エネルギーで割れば，最小電離の状態にある粒子が物質を通過する間につくるイオンの数を計算できる．これは 1 g/cm^2 当たり空気中でだいたい 2×10^4，鉛の中では 2×10^3 ぐらいである．

　入射粒子による直接的な原子の電離を **1 次電離**(primary ionization)と呼ぶ．この1次電離された電子がさらに，他の原子を電離しうるとき，それをδ電子(δ線)またはノックオン電子と呼ぶ．δ線による電離を **2 次電離**(secondary ionization)と呼ぶ．1次電離，2次電離で電離された電子を2次電子と呼ぶ．また，荷電粒子の進路の単位長さ当たりに電離されるイオンの数を比電離と呼んでいる．

原子核による制動輻射

　前説では，原子が静止して，ミュオンが動いている状態を見てきたが，今度は，ミュオンが静止して原子核が動いている座標系で問題を考えてみよう[25]．つまりミュオンが止まっていて，原子核がその脇を飛んでくる状況だ．まず，原子核から r 離れた位置での電磁場の強さから，ミュオンが放出する光子の数を求めてみる．原子数 Z の原子核から r 離れた位置での電場は，

$$E = \frac{Ze}{r^2} \tag{2-45}$$

である．ローレンツ収縮によって光子の密度は進行方向に対して密度が高くなるので，電場の進行方向に垂直な磁場成分 B^* は $\gamma = (1-u^2)^{1/2}$ と置いて(章末問題 2-3 参照)，

$$B^* = E \cdot \gamma u = \gamma \frac{Ze}{r^2} u \approx \gamma \frac{Ze}{r^2} \tag{2-46}$$

ここで光速に近い速度を仮定しているので，$\beta(=u/c) \sim 1$ を仮定した．$E^* =$

---

[25] 原子核や素粒子の計算をするときは，特定の粒子の静止系での計算，複数の粒子の重心系など，実験状況に合うように座標系を取ることになる．

B^* である．次に電磁場の厚みを計算する．ミュオンが感じる電磁場の領域は半径 r の球内であるから，これをローレンツブーストして電磁場の厚みを

$$2r\frac{1}{\sqrt{1-u^2}} = \frac{2r}{\gamma} \tag{2-47}$$

と，ざっと見積もることができる．したがって，ミュオンはだいたい $2r/\gamma c$ のパルスとして電場を感じることになる．**電磁波のエネルギー密度**は

$$E^{*2} + B^{*2} = 2\left(\frac{Ze\gamma}{r^2}\right)^2 \tag{2-48}$$

なので，電子の脇の単位面積を通る電磁場のエネルギーは電磁場の厚みをかけて，

$$2\left(\frac{Ze\gamma}{r^2}\right)^2 \times \frac{2r}{\gamma} = \frac{4Z^2e^2\gamma}{r^3} \tag{2-49}$$

である．式 2-49 のエネルギーの内，光子を吸収した後，エネルギー ε と $\varepsilon + d\varepsilon$ の光子を放出することによって運ばれるエネルギーは，

$$\frac{4Z^2e^2\gamma}{r^3} \times \frac{d\varepsilon}{\varepsilon_{\max}} \tag{2-50}$$

である．ここで $\varepsilon_{\max}$ はミュオンが吸収する光子のうちエネルギーが最大のものであり，光子のエネルギー $E = h\nu$ と，$2r/\gamma c$ のパルス幅の逆数を持つような振動数 ν を考慮すると，

$$\varepsilon_{\max} = \frac{h\gamma c}{2r} = \frac{h\gamma}{2r} \tag{2-51}$$

である．ここでは，ミュオンがこれよりも細いパルス幅を経験しないものと近似する．すると，式 2-50 は式 2-51 を用いて

$$\frac{4Z^2e^2\gamma}{r^3} \times \frac{d\varepsilon}{\varepsilon_{\max}} = \frac{8Z^2e^2\gamma}{r^3} \times \frac{r}{h\gamma} d\varepsilon \tag{2-52}$$

となる．結局，電子の脇の単位面積を過ぎる間に放出されるエネルギー ε と $\varepsilon + d\varepsilon$ の間の光子の数は，

$$\frac{8Z^2e^2\gamma}{r^3} \times \frac{r}{h\gamma} d\varepsilon \times \frac{1}{\varepsilon} = \frac{8Z^2e^2}{hr^2} \times \frac{d\varepsilon}{\varepsilon} \tag{2-53}$$

このうちミュオンが光子を吸収する断面積は，大まかに古典ミュオン半径[26]

r_μ の 2 乗の程度であるから，ミュオンが放出するエネルギー ε と $\varepsilon + d\varepsilon$ の間の光子の数は，

$$\frac{8Z^2 e^2 r_\mu^2}{hr^2} \frac{d\varepsilon}{\varepsilon} \tag{2-54}$$

となる．したがって，ミュオンが放出する光子の総数は

$$\int_{r_{\min}}^{r_{\max}} r \times \frac{8Z^2 e^2 r_\mu^2}{hr^2} \frac{d\varepsilon}{\varepsilon} = \frac{8Z^2 e^2 r_\mu^2}{h} \frac{d\varepsilon}{\varepsilon} \log \frac{r_{\max}}{r_{\min}} \tag{2-55}$$

である．

ここで，$r_{\min}$ を見積もってみよう．$r_{\min}$ はおおよそミュオンと光が相互作用した結果生じる光の波長の変化分，すなわち

$$\lambda = \frac{h}{m_\mu c} = \frac{h}{m_\mu} \tag{2-56}$$

程度である．ミュオンをこの波長以下の領域に押し込めようとすると，不確定性原理によって，運動エネルギーの不確定度が，もう 1 つの粒子を生成できるほど大きくなってしまう．つまり，ある質量の粒子が安定して存在するためには，この波長程度の広がり以上の大きさを持つ必要があるのだ．この波長はコンプトン波長と呼ばれ，アメリカの実験物理学者 A. コンプトン（Arthur Holly Compton）によって 1922 年に発見された．コンプトン波長は，粒子の量子力学的な波としての広がり，もしくは波としてのゆらぎの範囲を表し，波長は質量に反比例する．（したがって，質量ゼロの粒子は，波として無限に広がることになる．たとえば，質量ゼロのゲージ粒子[27]である光子によって媒介される電磁気力は，到達距離が無限大である．）

一方，$r_{\max}$ は原子半径程度である．これは水素の半径（ボーア半径）

$$a_0 = \frac{4\pi\varepsilon_0 \hbar^2}{m_e e^2} = \frac{4\pi\varepsilon_0 \hbar}{e^2} \frac{\hbar^2}{m_e} \tag{2-57}$$

と原子番号の 1/3 乗に反比例する値である．微細構造定数の逆数 $\frac{4\pi\varepsilon_0 \hbar}{e^2} = 137$ を用いると，

---

[26] ミュオンも電子も同じく素電荷を持つが，質量は 200 倍以上異なっている．電荷がつくる静電エネルギーが粒子質量と等価になるという古典電子半径の考えをここでは適用する．

$$\log \frac{r_{\max}}{r_{\min}} = \log \frac{137}{Z^{1/3}} \frac{m_\mu}{m_e} \tag{2-58}$$

の程度となる．したがって，式 2-55 の右辺は

$$\frac{2Z^2 e^2 r_\mu^2}{h} \frac{d\varepsilon}{\varepsilon} \log \frac{137}{Z^{1/3}} \frac{m_\mu}{m_e} \tag{2-59}$$

と書ける．エネルギー E のミュオンが，原子量 A，原子番号 Z の物質 1 g/cm^2 を通る間に，エネルギー ε と $\varepsilon + d\varepsilon$ の間の仮想光子を吸収して，実光子を放出する確率は，

$$\xi_{\mathrm{brem}}(E, \varepsilon)\, d\varepsilon = \frac{2Z^2 e^2 r_\mu^2}{h} \frac{N}{A} \frac{d\varepsilon}{\varepsilon} \log \frac{137}{Z^{1/3}} \frac{m_\mu}{m_e} \tag{2-60}$$

である．式 2-60 による過程を**制動輻射**(bremsstrahlung)と呼んでいる．式 2-60 を電離に対する式 2-34 とくらべてみると，電離が E^2 に逆比例するのに対して，制動輻射の確率は(ε^2 ではなく)ε に逆比例している．この関係から明らかなように，粒子は電離によって少しずつエネルギーを失うが，制動輻射では衝突ごとに大きなエネルギーを失うのだ．方程式 2-60 より，エネルギー E のミュオンが 1 g/cm^2 の物質を通過して制動輻射によって失うエネルギーは

$$-dE = dx \int_0^{\varepsilon_{\max}} \varepsilon \cdot \xi_{\mathrm{brem}}(E, \varepsilon)\, d\varepsilon \tag{2-61}$$

に比例する．$\varepsilon_{\max}$ は E より大きくはなり得ないから，$\varepsilon_{\max}$ を E と置くと，

---

[27] ゲージ粒子とは，ゲージ場の「励起状態」として生成される粒子のこと．現代の素粒子理論はゲージ理論と呼ばれる基本原理がもとになっている．もともとゲージ理論は，マクスウェルの電磁気学において，初めて物理学に登場したが，アインシュタインの一般相対性理論において，その重要性が理解されるようになった．相対性の数学的な意味は，座標変換をしても方程式が不変であることだ．ヘルマン・ワイルは，アインシュタインのアイディアを発展させて，時空の各点において，ものさし(計量)を変えても理論が変わらないことを要請し，そこから，いわば幾何学的に電磁気学を導きだそうとした．この「ものさし」をワイルは「ゲージ」(gauge)と呼んだ．その後，波動関数の複素数の位相変換によって理論が不変であることを要請すると，量子力学において電磁気学がうまく記述されることがわかった．時空という外部対称性から，位相という内部対称性に変わったのである．現在，素粒子論では，電磁力での成功をもとに，弱い力や強い力もゲージ理論によって記述できるようになった．ゲージ粒子は，すべて力を伝える粒子であり，ゲージ理論によって基礎づけられている．

表2-4 さまざまな物質に対する電子の放射長

	Z(原子番号)	A(原子量)	X_0 (g/cm^2)
炭素	6	12	44.6
酸素	8	16	35.3
アルミニウム	13	27	24.5
アルゴン	18	40	19.8
鉄	26	56	14.1
銅	29	64	13.1
鉛	82	207	6.5
空気			37.7 (1気圧で360 m)
水			37.1

$$-\frac{dE}{E} = \frac{2Z^2 e^2 r_\mu^2}{h} \frac{N}{A} \log \frac{137}{Z^{1/3}} \frac{m_\mu}{m_e} dx \tag{2-62}$$

となる.したがって,

$$E_2 \propto e^{-x/X_0} \tag{2-63}$$

となり,多数の入射粒子の平均として,ある減衰長のような長さを定義することができる.X_0 は**放射長**(radiation length)と呼ばれ,近似的には以下のような関係を持っている.

$$X_0 \approx \frac{716.4 \cdot A}{Z(Z+1) \ln \frac{287}{\sqrt{Z}}} \text{ g/cm}^2 \tag{2-64}$$

参考までに表2-4にさまざまな物質の X_0 をあげておく.

式2-60には r_μ^2 が(r_e^2 ではなく)入っている.これがどういうことが考えてみよう.ミュオンの制動輻射は,1回の反応で大きなエネルギーを失う.21ページで議論したいわゆる自動車事故型の減速である.この確率の大小を r_μ^2 は示している.r_μ と r_e はミュオンと電子の質量比分だけ異なる.言い換えれば,事故を起こす確率は(電子とくらべて)ミュオンの方が質量の2乗分小さいことになる.これを電磁気学的に表現すれば以下のようになる.

荷電粒子が光子と反応して失うエネルギーは,粒子の減速量の2乗に比例する(ラーモアの定理から導かれる).この減速量は(粒子に与えられる力)÷(粒子の質量)で与えられるので,失うエネルギーは,粒子の質量の2乗に反比例する.つまり,粒子が重ければ重いほど,減速の度合いが少ないのである.たとえば電子の100倍の重さを持つ「重いレプトン」があれば,物質中

で失うエネルギーは 100 の 2 乗，つまり 1 万倍も少ない．言い換えれば，1万倍止まりにくい．このことを式 2-62 は示しているのである．（注：陽子は電子よりも 2000 倍重いが，強い相互作用のため止まりやすい．）

仮想光子による直接対生成

　光子のエネルギーが電子質量の 2 倍を超えると，電子と陽電子のペアがつくられる（章末問題 2-1）．この反応を対生成と呼んでいるが，タイトルにある「直接」というのは一体どういうことだろうか？　仮に，対生成が前節の制動輻射によって生成した光子がもとで起こるのであれば，入射粒子であるミュオンとはまったく関係がない．というのもミュオンは制動輻射にはかかわっているが，制動輻射の生成物がその後どのような反応を起こすかはミュオンにとって関係ないことだからだ．直接という言葉は制動輻射を介さずミュオンが直接電子，陽電子を生成するプロセスを想像させる．だが，本当にこんなことが起きうるのだろうか？

　実は可能で，ミュオンが原子核がつくるクーロン場の近くを通ったときに，仮想光子（トライデントと呼ばれる）を交換する際にそれが電子質量の 2 倍を超えると，電子，陽電子ペアが生成される．このような反応は入射ミュオンのエネルギーが低いうちはあまり起こらないが，高くなるに従い，ミュオンのエネルギー損失過程に対して結構大きなウェートを占めるようになる．

　ミュオンが仮想光子を放出して電子，陽電子ペアをつくるのであれば，真空中つまり何も物質がないところでも勝手に電子，陽電子をつくってエネルギーロスをしそうであるが，実際には光子はまったく何もないところでは電子・陽電子対をつくることはできない．それは何もないところでは光子だけでエネルギー保存則，運動量保存則を満たすことができないからである．

2.5　強い相互作用

クォークの証拠

　ニュージーランド出身のイギリスの物理学者 E. ラザフォード（Ernest Rutherford）は，金箔にアルファ粒子を当てて，どのように散乱するかを調べ

た．その散乱角分布は大きな角度まで尾を引いていたが，これは正電荷が原子の大きさ全体に広がっておらず，点状の原子核に集まっているからだと彼は考えた．アルファ粒子が金の原子と衝突する場合，大部分は核から離れたところを通過するので散乱角は小さくなるが，ごく一部は核のすぐ近傍を通過する．このとき，正電荷同士の強い電気的斥力が働いて，軌道が大きく曲がる，と考えたのである．1911年のことであった．

それから50年以上たった1960年代後半に，新ラザフォード実験なるものがアメリカのスタンフォード線形加速器センターで行われた．この実験の目的は，高エネルギーの電子が陽子により散乱される様子をとらえることにあった．実験結果から，電子の角度分布は，電荷が陽子の大きさ（10^{-13}cm）にわたって広がっているのではなく，陽子内部のいくつかの「点」に集中していることがわかった．これらの点の現代的イメージは1964年，M.ゲルマン（Murray Gell-Mann）とG.ツヴァイク（George Zweig）によって導入され，クォークと呼ばれた[28]．さらにクォークには電荷もある．電子の電荷を-1とすると，dクォークの電荷が-1/3，uクォークの電荷が+2/3である[29]．

中性子は，陽子より心もち重い．それはdクォークがuクォークより少し重いからである．陽子の電荷は+1，中性子の電荷はゼロである．これらの数字を少し考えてみよう．3個のクォークからなる陽子はuクォーク2個とdクォーク1個からなり，同じくクォーク3個からなる中性子の方はuクォーク1個とdクォーク2個を持っていることがわかる．図2-11にはクォークでできた，さまざまな粒子の構造を示してある．

これらのクォークを結びつけているものはいったい何だろうか？　クォーク間を行ったりきたりしている光子だろうか？　だが，光子の電気力は弱すぎて，とうていクォークを結びつける力はない．原子核を壊すのに必要なエネルギーと，原子中の電子をはじき出すのに要するエネルギーとの差は，ちょうど原子力発電所と火力発電所の発電力の差と同じくらい大きい．

---

[28] クォークという名称は，文学に造詣が深いゲルマンが，ジェイムズ・ジョイスの『フィネガンズ・ウェイク』に登場する3羽の鳥の鳴き声から採ったといわれる．
[29] 電子の電荷はベンジャミン・フランクリン以来ずっとしたがってきた通りに-1である．もし電子の電荷が測られた時代にクォークが見つかっていたら，電子の電荷を-3にしていたかもしれない．

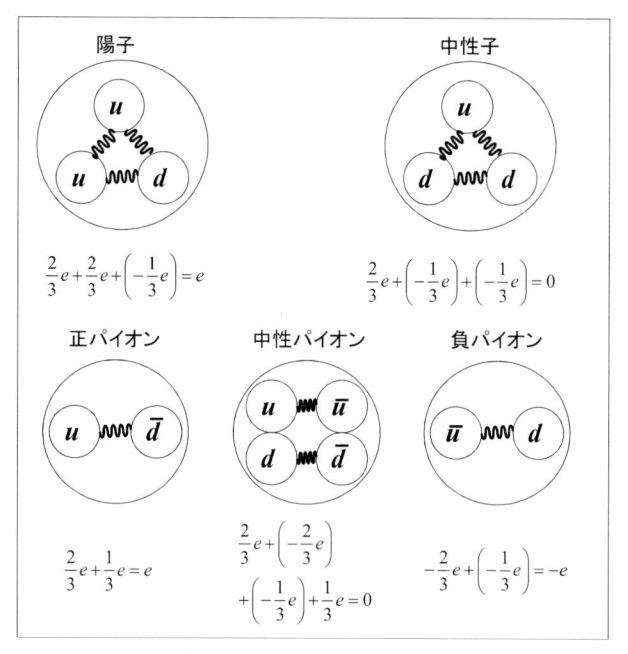

```
        陽子                          中性子
      ┌─────┐                      ┌─────┐
      │  u  │                      │  u  │
      │ u d │                      │ d d │
      └─────┘                      └─────┘
  $\frac{2}{3}e + \frac{2}{3}e + \left(-\frac{1}{3}e\right) = e$    $\frac{2}{3}e + \left(-\frac{1}{3}e\right) + \left(-\frac{1}{3}e\right) = 0$

   正パイオン     中性パイオン      負パイオン
   ┌─────┐     ┌─────┐       ┌─────┐
   │ u d̄ │     │ u ū │       │ ū d │
   │     │     │ d d̄ │       │     │
   └─────┘     └─────┘       └─────┘
```

$\frac{2}{3}e + \frac{1}{3}e = e$ $\frac{2}{3}e + \left(-\frac{2}{3}e\right) + \left(-\frac{1}{3}e\right) + \frac{1}{3}e = 0$ $-\frac{2}{3}e + \left(-\frac{1}{3}e\right) = -e$

図 2-11 さまざまな粒子の構造

　原子核の散乱実験などからわかるように，クォークの結びつく力が電磁気力と異なる点は2つある．(1)核子同士がほぼ 2×10^{-13} cm の距離に近づくと引力が働いて相互に引き合うが，少し離れるとほとんど力は働かないこと．クーロン力は，$1/r$ のポテンシャルで表され，距離とともに緩やかに減少する遠距離力であるが，核子同士が引き合う力は近距離力である．(2)原子核の体積は，原子量，すなわち核子数 A に比例すること．したがって，核子同士の間に引力が働いているにもかかわらず，核子同士が重なり合ったりせず，互いに一定の距離に押しのけあっている．

　原子核に新たに1個の核子が付け加わる場合，この原子核のポテンシャルエネルギーは，1組の核子間の核力によるポテンシャルエネルギー分だけ増えるので，核力はただ1個の核子を対象にして働くのだ．この2つの点から考えると，クォーク間を光子が結びつけている説は成り立たないことが判明する．そこで，クォーク間を往復して結びつけている粒子として**グルオン**が考え出された．このグルオンという粒子は，光子の場合と同じく，クォーク

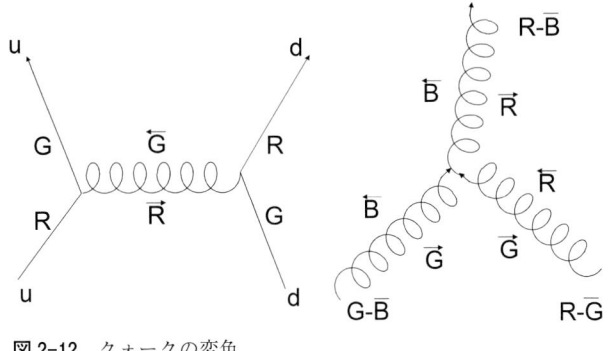

図 2-12 クォークの変色

によって放出されたり，吸収されたりするが，その結合力は光子の場合よりもはるかに大きい．このグルオンの特徴は「**カラー**(色)のあるものと結合する」ということである．

クォークの色

　クォークの色といっても，無論，実際にクォークに色がついているわけではない．いくら顕微鏡で拡大しても色など見えない．クォークの色とは，クォークが常に3つの状態のどれか1つの状態になっている，という状況を説明するために導入された概念である．3つの状態を三原色の赤(R)と緑(G)と青(B)で(半ば比喩的に)理解しようというのである．クォークの色は電子の電荷に相当するもので，カラーチャージ(color charge)と呼ばれる．

　クォークは，グルオンを放出・吸収する際に色が変わり，グルオンの方には，結合する色に合わせて8つの異なったタイプがある(章末問題 2-15 参照)．たとえば，RのクォークがGに変わると($\vec{G}$はグルオンが反対の方向にGを運んでいくという意味)，R-Gグルオンを1個放出するのだが，このグルオンはクォークからRをとって，その代わりにGを与える(図 2-12 左)．このグルオンはGのクォークに吸収され，吸収した側のクォークはRに変わる．また，グルオンは光子と違って，他のグルオンと結合することができる(章末問題 2-16 参照)．たとえば G-$\bar{B}$ グルオンが R-$\bar{G}$ グルオンと出会うと，R-$\bar{B}$ グルオンが生成される(図 2-12 右)．

　クォークでは中心から遠ざかるにつれて，色電荷は増加する．遠くにまぶ

しい巨大な光の塊があって，それが光の中を進むにつれて次第に暗くなっていき，中心に達すると小さなろうそくが1本だけの明るさになってしまう．そんな感じの一見奇妙な世界である．その結果，クォークの力は，近づくとほとんどゼロになるが，距離に比例して大きくなる．

クォーク間の距離がきわめて短い場合，電磁気力と強い力は良く似ている．しかし，クォーク間の距離が大きくなると，周囲のグルオンの色電荷によって，カラー力線が互いに引き合うことになる．今のところ，理論計算が可能なのは，クォーク間の距離が 10^{-13}cm よりも小さな距離に限られるので，それ以上の距離で何が起きるのかは推定するしかない．

極小距離でクォーク間の力が弱くなることを**漸近的自由**といい，遠い距離での結合状態を**赤外隷属**と呼ぶ．

これまで見てきたように，クォークがグルオンと結合する振幅（結合定数）は非常に大きく，その相互作用は色電荷間の距離が小さくなる（交換される運動量が高くなる）と弱くなり，逆に距離が大きくなると相互作用が強まって一定の力に近づく．つまりクォーク同士は非常に強く結びついているため，引き離そうとすると，そのエネルギーが別のクォークを対生成するエネルギーを超えてしまい，新たなハドロンがつくり出されてしまうのだ（これをハドロニックな反応と呼ぶ）．

すなわち，どんなに高いエネルギーの陽子や中性子を原子核にぶつけても，クォークだけが出てくることはなく，必ずメソンやバリオンも一緒に飛び出してくる[30]．そして，ぶつけるエネルギーが高ければ高いほど，新たなクォークがたくさんつくり出され，結果として大量のハドロンが放出される，いわゆる**ハドロニックシャワー**が観測される（この状況をハドロンの**多重度**が大きいという）．

「白色」状態では，三原色を持つクォークと「補色」となるカラーチャージを持つ反粒子とでペアをつくっている（メソン）か，3つのクォークを3つの三原色を重ねて「白色」となるようにトリオをつくっている（バリオン）．グルオンのみからも「白色」の状態をつくることができる[31]．このように，

---

[30] これをクオークの閉じこめと呼び，ハドロンの状態は「白色」となる．

色という量子数を用いて，強い相互作用を説明する理論を量子色力学 (Quantum Chromodynamics；QCD) と呼んでいる．

さて，ミュオンは「強い相互作用」をしないはずなので，グルオンを吸収したり放出したりすることができない．言い換えると，ミュオンは色電荷を持たないので，原子核と強い相互作用はしない．しかし，ミュオンは光子を吸収したり放出したりすることができる．これは電荷を持っているからである．クォークも同じく電荷を持っているので，光子を吸収できるはずだ．大体 20 MeV 以上の光子を原子核に当てると，陽子が光子のエネルギーをもらい，その陽子が他の核子にエネルギーを分けたりして，原子核が熱い状態になり，原子核が壊れ始める．光子のエネルギーがおよそ 150 MeV を超えるとパイオンの発生が起こる．つまり，ミュオンは「強い相互作用」を介して原子核と反応することはできないが，「光子」を介して，間接的に原子核と相互作用することが可能なのである．これを光核反応と呼んでいる．

ただし，光子がパイオンをつくる断面積は 2×10^{-28} cm^2 程度と非常に小さい．これは核子の幾何学的断面積の 100 分の 1 ほどである．光子に対して原子核は「透き通っている」といってよい．したがって，ミュオンと原子核の相互作用は，多くの場合，それほど気にならない．しかしミュオンのエネルギーが 10 GeV を超えると，少しずつ目立つようになる．これはミュオンのエネルギーが高くなるに従って，高エネルギーの光子を放出しやすくなるためである．ミュオンが原子核と反応する確率はミュオンのエネルギーにだいたい比例する．

2.6 弱い相互作用

ニュートリノの発見

ここでは「弱い力」を伝える粒子について考えてみよう．ベータ崩壊は中性子が陽子に変わる反応であるが，なぜか，崩壊前後でエネルギーと運動量が保存されないことが問題となっていた．アルファ崩壊の場合でもアルファ

---

[31] このような粒子はグルーボールと呼ばれる．

粒子と新しくできた原子核の質量との合計は崩壊前の原子核の質量よりも小さくなるが，これは，出てきたアルファ粒子の運動エネルギーが崩壊前の原子の質量から得られているからである．ところが，ベータ崩壊の場合は運動エネルギーの増加が質量の減少分よりも小さかったため，研究者たちは混乱した．

そのときさっそうと現れたのが31歳の新進気鋭の理論家 W. パウリ（Wolfgang Ernst Pauli）だ．彼は1930年に「現在は観測できないが，質量ゼロで電気的に中性の粒子が，電子とともに放出され，エネルギーと運動量の保存則は成立している」と主張した．

その2年後の1932年，中性子が発見されたのをきっかけに「ベータ崩壊は，原子核内の中性子が，陽子と電子を放出して，さらに中性の粒子も放出する」という仮説を E. フェルミ（Enrico Fermi）が発表し，この「中性の粒子」をニュートリノと名づけた．フェルミはニュートリノの質量は非常に小さいか，もしくはゼロであると考え，そのため他の物質とも相互作用することはないと考えた．後にほとんどすべての物質の間に「弱い相互作用」が働くことがわかったが，物質に与える影響は非常に少ない．

地球上に存在するニュートリノの数は想像を絶するほど多いが，他の粒子とくらべてもまれにしか反応しないため，なかなか検出できない．たとえばMeVからGeV程度のエネルギーを持つニュートリノが陽子と反応する頻度（確率）は，1兆回に1回にも満たないのである．1953年になって，ニュートリノを検出する実験がアメリカのロスアラモス研究所で始まり，フェルミの予言は，25年の歳月を経てようやく確認されることになる．

F. ライネスと C. コーワンは，原子炉から生じたニュートリノビームを水に当てて，水分子中の原子核とニュートリノが反応することにより生じる中性子と陽電子を観測することで，ニュートリノの存在を証明する実験にとりかかった．

実験を行った現地のニュートリノ強度は $10^{13}/cm^2$ と推算できた．この値は太陽から放出されるニュートリノの100倍なので，両者を混同する恐れはなかった．使用したセンサーは，図2-13のようにカドミウムを含む水150 kgで，水を構成する陽子が標的になる．原子炉から生じたニュートリノビーム

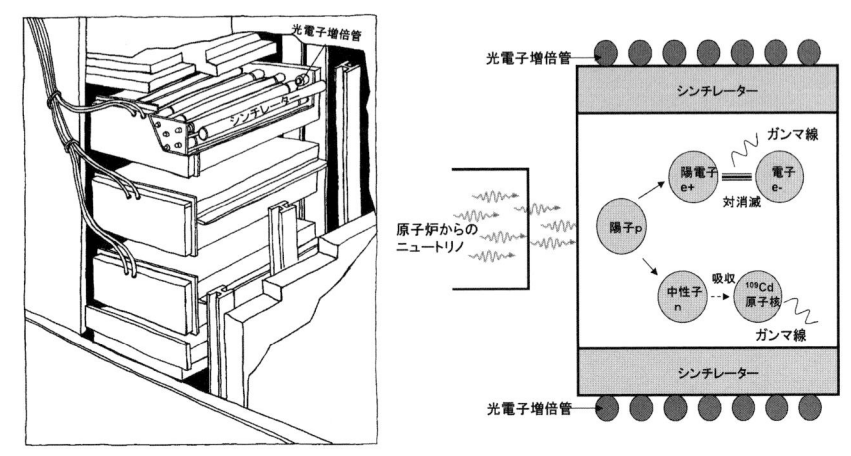

図 2-13 ライネスとコーワンのニュートリノ検出実験のセットアップと原理

は，水の中の陽子と衝突して，中性子 n と陽電子 e^+ が発生する．中性子は，ふらふら動くうちにカドミウム原子核に吸収されて，X線を放出する．一方，タンクの水分子は電子 e^- をたくさん持っているので，陽電子と電子は対消滅して，2個の γ 線が互いに反対方向に放出される．シグナルはシンチレーターでとらえられる．

シンチレーターは放射線測定の最も標準的なセンサーだ．荷電粒子が中を通ると，シンチレーション光という蛍光を発生する．γ 線は，電子を跳ね飛ばしたり，原子核のそばを通るときに電子，陽電子を対生成するので，容易にとらえることができる．センサーの中のカドミウムからも X 線が放出されるが，カドミウムから出た X 線は γ 線より 10 万分の 1 秒ほど遅れるため，この 2 つは区別することができる．ライネスとコーワンは 3 年も努力を重ね，およそ 20 分間に 1 回の頻度で，ニュートリノと陽子の反応が起きていることがわかった．1956 年，この知らせを聞いたパウリは感激に身をふるわせたという．

素粒子のフレーバー

ベータ崩壊では中性子が陽子に変わる．中性子は d クォーク 2 個と u クォーク 1 個からなっている．一方，陽子は u クォーク 2 個と d クォーク 1 個か

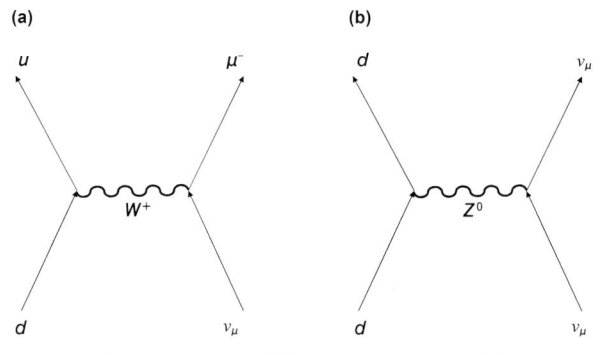

図 2-14　荷電カレント反応(a)と中性カレント反応(b)

らなっている．つまり，中性子の d クォークの 1 つが u クォークに変わるのである．どうしてそんなことが起こるのだろう？

まず d クォークが W 粒子を放出する．この W は電子 1 個と反ニュートリノ 1 個と結合する．ニュートリノは，質量もほとんどなければ，電荷も持っていない．つまり光子とは相互作用せず，ただ W と結合するだけである．

W はクォークのフレーバー量子数(ここでは u や d などの種類のこと)を変える性質を持っている[32]．たとえば，-1/3 の電荷を持つ d クォークは電荷 +2/3 の u クォークになる(電荷が +1 変わる，図 2-14(a))．W^- は -1 の電荷，その反粒子である W^+ は電荷 +1 を持っているので，光子とも結合することができる．ベータ崩壊には，光子と電子の相互作用よりはるかに長い時間がかかる．これは，W が光子やグルオンと違って 80 GeV という大変重い質量を持っているからである．d クォークと u クォークが，ミュオンとミューニュートリノ(ν_μ)に W^+ を介して結合しているのだ．これで，弱い相互作用をする粒子は，電子，電子ニュートリノ，ミュオン，ミューニュートリノになった．実は，さらに重い粒子も弱い相互作用をすることがわかっている．もっと高いエネルギーを使った実験で見つかったもので，電子やミュオンの兄貴分(姉貴分)に当たる．タウオン(τ)と呼ばれるその粒子の質量は 1800

---

[32] フレーバー量子数には，アイソスピン(クォーク)，弱アイソスピン(レプトン)，電荷などの量子数が含まれる．フレーバー量子数は電磁相互作用や強い相互作用では保存するが，弱い相互作用では破れている．

MeVにのぼり，陽子2個分もの重さがある．電子に電子ニュートリノ，ミュオンにミューニュートリノが結合したのと同様，タウオンと結合するタウニュートリノ(v_τ)という粒子も存在が予測されていたが，ようやく1998年になって発見された．

　電磁力は非常に強い力なので，もしなんらかの弱い力の反応が起こっていたとしても，電磁力の反応に隠れてしまって，実験で見ることは難しい．一方，(b)のような反応では，電磁力は働かない．ニュートリノが電気的に中性だからだ．この反応を確かめるために行われたのが，CERNの陽子加速器でつくったミューニュートリノ(v_μ)を10トンもの巨大な泡箱(GARGAMELLE)に照射する実験だ(A. ラガリグ(André Lagarrique)を中心とするグループによる)．その結果1973年に，100万枚にも及ぶ反応事象の写真の中から，実際に図(b)のような反応が発見された．図(b)のように，電荷やアイソスピンを変えない反応を中性カレント反応と呼ぶ(Wを介する反応は荷電カレント反応)．クォークとレプトンは，弱い相互作用を媒介するWやZを吸収したり，放出したりできる．

　【コラム】 電子，ニュートリノ，dクォークおよびuクォークはWと結合するという共通点がある．いまのところ，クォークは「色」か「フレーバー」を変えることしかできないとされているが，ひょっとするとまだ発見されていない粒子と結合することで，クォークがニュートリノに崩壊するかもしれない．そうなるといったいどういうことが起こるだろうか？

　クォークが崩壊するということは，陽子が不安定だということだ．そうすると，長い時間がたてば，宇宙から陽子がなくなってしまう．陽子がなくなると，水素を始めとした原子もなくなり，地球も人間も消えてしまう．今のところ，地球も人間も消えておらず，宇宙には陽子がたくさん残っているので，それと矛盾しないような崩壊率で陽子は崩壊すると思われる．

　こうして予想された陽子の崩壊率は10^{30}-10^{32}年で約1/3の量に減るというものだ．この理論は，(電弱統一理論に強い力を加えて)大統一理論と呼ばれる．それを検証するために建設された巨大検出器が，日本が誇るカミオカンデ(Kamioka Nucleon Decay Experiment)[33]だ．検出器内部の水には大量の陽子が含まれる．その陽子の一部が崩壊するときに放出されるニュー

トリノをとらえようというのである．

　ニュートリノが水の中の電子に衝突すると，電子は高速で移動しながら光を放出する．その光を壁面に備えつけた光電子増倍管で検出する仕組みだ．しかし，およそ 5 年間も観測を続けたが，陽子崩壊は観測されず，陽子の寿命の上限値 2.6×10^{32} 年を決めるにとどまった．これにより単純な大統一理論は否定された．大統一理論は実証できなかったものの，このカミオカンデは，大マゼラン星雲で起きた超新星爆発(SN 1987A)で生じたニュートリノを偶然，世界で初めて検出し，小柴昌俊が 2002 年度のノーベル物理学賞を受賞するなど，世界に名を残している．

ニュートリノ振動

　太陽内部の核反応に伴って，太陽からは常時ニュートリノが放出されている．しかし，地球上で検出される太陽ニュートリノの数は，恒星内部の核反応の理論から予測される値の 3 分の 1 程度しかない．その理由はわからず，「太陽ニュートリノ問題」として 30 年以上謎のままだった．実際に観測される太陽ニュートリノの数が，理論上の予測をかなり下回っていることから，これまでの太陽の理解が間違っているのではといわれたこともあった．

　太陽ニュートリノが地球にどれくらい届いているかは，太陽のモデル(太陽標準模型, Standard Solar Model；SSM)を使って説明されてきた．太陽が輝いているのは内部で核融合が起こっているためで，その反応でニュートリノがつくられる．太陽中心で，4 個の陽子が 1 個のヘリウム原子核に変わる核融合反応により，26.7 MeV のエネルギーが放出され，同時に 2 個の電子ニュートリノが発生する．あとは，太陽がどの程度輝いているか，つまりどの程度の反応が起こっているかを知ることで，ニュートリノの数を正確に計算することができる．

　太陽ニュートリノ問題が最初に勃発したのは 1968 年，アメリカの R. デイビス(Raymond Davis Jr.)が初めて太陽ニュートリノを観測したときだ．$v_e +$ $^{37}Cl \rightarrow e^- + ^{37}Ar$ の反応を利用した観測でとらえることのできたニュートリノ

---

[33] 現在ではスーパーカミオカンデにグレードアップされている．元のカミオカンデは反電子ニュートリノ検出器に改造され(KamLAND)，地球ニュートリノ，太陽ニュートリノ，原子炉ニュートリノなどの観測に用いられている．

の数は，太陽モデルで予測された数の30%しかなかったのだ．これが単に検出器の精度の問題ならよかったが，その後90年代まで観測を続け，年々精度が向上しても，どうしても理論上の3分の1程度の数しかニュートリノをとらえることはできなかった．

一方，日本のカミオカンデではまったく別のアプローチをとった．$v_e + e^- \rightarrow v_e + e^-$の弾性散乱の反跳電子を水チェレンコフ検出器で検出し，1987年から2079日間データを取り続けた．太陽からのシグナルv_eの数は，SSMによる計算値の0.492 ± 0.03（統計誤差）± 0.06（系統誤差）しかない．この方法では，v_eのエネルギーが7 MeVからしか測れないので，0.23 MeVから測れる$v_e + {}^{71}\text{Ga} \rightarrow e^- + {}^{71}\text{Ge}$を見るGALLEXやSAGEプロジェクトも進行したが，1990年代以降少しずつ出てきた結果も，やはりSSMの50%から60%程度しかない．

もはや観測の精度の問題だけではすまされない．ニュートリノが見つからない理由は別にあるのだ．さまざまな説があげられたが，最終的には次の2つに絞られた．

1つ目は，正しいと思っていた太陽のモデルが実は間違っている，という説．しかし，実験値と理論値の大幅な不一致は，太陽の構造等のモデルの悪さによるものではない．なぜなら，地球に近い太陽は，月と並んでよく知られている天体の1つであり，たとえば，太陽の中心温度などのパラメータを大きく変えることはできないからである．1つのパラメータを変えると，他のパラメータを動かす必要がある．結果として，v_eの数をせいぜい10%変えるくらいしかできないのである．

2つ目は，問題は太陽モデルにあるのではなく，ニュートリノに何かが起こっているから，という説．具体的に考えられたのが，太陽内部から放たれたニュートリノが途中で，検出器でとらえることのできない別の種類のニュートリノに「変身」してしまう可能性(**ニュートリノ振動**)である．この説は，Mikheyev, Smirnov, Wolfensteinの3名の物理学者の頭文字を取ってMSW効果と呼ばれている．

ニュートリノの種類（フレーバー）は，電子ニュートリノ，ミューニュートリノ，タウニュートリノの3種類である．弱い相互作用によってニュートリ

ノが生成されるときは、この3つのうちのどれかになる。しかし、量子力学では、3つのフレーバーのニュートリノは、それぞれ異なった質量状態の「重ね合わせ」として表されるのだ。

　量子力学を学び始めた物理学徒は、かならず、固有値問題を解くことになる。固有値と固有状態を求めることが、線形系の一種である量子力学の問題を解くことに相当する。おそらく読者の多くは、数学の線形代数の授業で固有値問題に遭遇した(する)に違いない。

　ニュートリノを量子力学的に扱う場合、フレーバーの固有状態と質量の固有状態がある。そして、フレーバーの固有状態は、質量の固有状態の重ね合わせで表される(重ね合わせが可能なのも量子力学が線形系だからである)。話を簡単にするために、以下、フレーバーも質量状態も2つだとして説明してみよう。フレーバー状態は、質量状態の重ね合わせ(あるいは混合)として、

$$\begin{pmatrix} v_e \\ v_\mu \end{pmatrix} = \begin{pmatrix} v_1 \cos\theta + v_2 \sin\theta \\ -v_1 \sin\theta + v_2 \sin\theta \end{pmatrix} \quad (2\text{-}65)$$

と表される。これは角度 θ の座標系の回転と同じ格好をしている。

　さて、ニュートリノが宇宙空間を飛んでくる間に、質量状態の量子力学的な「位相」部分は微妙に異なる発展をする。ありていにいえば、波動関数が、$v_1(t) = v_1(0)\exp(-iE_1 t)$、$v_2(t) = v_2(0)\exp(-iE_2 t)$ という時間依存性を持つのだ(確率を保存する発展なので、ユニタリー発展と呼ぶ)。添え字の1と2は2つの質量状態を表す。ここで、ニュートリノの質量1と質量2が同じ場合(ともに質量ゼロの場合も含む)、ユニタリー発展に差は出ないが、質量が異なると、E_1 と E_2 が異なるため、ユニタリー発展に差が生じる。

　つまり、ニュートリノが生成されたときには、くっきりと際だったフレーバーを持っているのだが、時間とともに、質量状態の混ざり方が変わってしまうのだ。そのため、フレーバーも混ざってしまう。つまり、ニュートリノ振動は、量子力学的な現象であり、質量が異なる場合にのみ観測されることになる。

　便宜上、2つのフレーバーと2つの質量で説明したが、実際には、3つのフレーバーと3つの質量状態による振動が生じる。

問題 2-1 エネルギーから物質と反物質が対生成される演習問題として，以下の 2 通りの場合について，電子に電子をぶつけて，電子，陽電子を生成するのに必要な最低エネルギーを計算してみよう．(1) 止まっている電子に電子をぶつける実験，(2) 2 つの電子を高速で加速して，お互いに衝突させる実験．

問題 2-2 ミュオンの運動エネルギーがその静止エネルギーに等しくなったときのミュオンの質量と速度を求めよ．またこれだけの速度を得るために必要な電位を求めよ．

問題 2-3 式 2-46 の関係式を導け．

問題 2-4 特殊相対性理論の不変量（式 2-12）を具体的なローレンツ変換の式 2-11 を用いてチェックすること．また，エネルギー E と運動量 p_x のローレンツ変換は具体的にどうなるか？

問題 2-5 $c=1$ と置いたローレンツ変換の式 2-12′ において，ダッシュのついていない t, x とダッシュのついている t', x' を交換し，それが，相対速度 u の符号を変えるのと同じことを確認せよ．この操作は何を意味するか？（答え　S 系と S' 系を取り替えることは，相対速度 u の符号が変わるのと同じ）

問題 2-6 （ファインマンとステュッケルバーグの解釈）　ディラック方程式の，エネルギーが負の解について，ファインマンとステュッケルバーグは，「エネルギーが正で，電荷が正で，時間を逆行する粒子」というユニークな解釈を提案した．なぜ，このような解釈が出てきたのか，その理由を考えてみよ．また，実際に時間を逆行していることは，どうやれば確かめられるか？

問題 2-7（ファインマンの経路和）　ファインマンの経路和の方法では，素粒子が A 地点から B 地点に到達する確率（「振幅」と呼ぶ）は，次のように計算される．

$$\varphi(B, A) \propto e^{iS}(B, A)$$

ただし，和は，あらゆる可能な経路について取る．また，S は「作用」と呼ばれる（$S = \int L(q, \dot{q}, t) dt$）．作用はエネルギー E（振動数 ν に比例する）に時間 t をかけたものと考えてよい．すると，φ は，ガウス平面において，ちょうど時計の針と同じ動きをすることになる．

ファインマンの方法では，ある反応が起きる確率は，時計の針の矢印をベクトルとみなしてつなぎ，その長さの 2 乗に比例することになる．

光子が鏡で反射する場合，異なる経路1と経路2において，φ を図示し，その針を集めて，つないでみよ（ベクトルの和を計算せよ）．光子が経路1を通る確率と経路2を通る確率はどうなるか，定性的に見積もってみよ．

問題 2-8 同様にして，図において，狭いスリットを通り抜けた光が点 Q に達する確率と，広いスリットを通り抜けた光が点 Q に達する確率を見積もってみよ．

問題 2-9 1章(18ページ)で説明したように，振動数の小さな光は，障害物を「回り込む」ことが可能である．この現象を，経路和の考えで定性的に理解せよ．

問題 2-10（不確定性） 不確定性と交換関係が数学的に同等であることを確かめてみよう．交換関係は，$[q, p] = i\hbar$ と書くことができる．不確定性は，$\sqrt{\langle(\Delta q)^2\rangle\langle(\Delta p)^2\rangle} \geq \hbar/2$ である．

問題 2-11 位置 x と運動量 p の間の交換関係を充たす微分演算子の具体的な形は，通常，x および $-i\hbar\dfrac{\partial}{\partial x}$ である．行列の言葉でいうなら，これは x を「対角化」した表示だ．では，運動量 p_x を対角化した表示，すなわち運動量は p_x のままの場合，位置 x の微分演算子はどうなるだろう？ いま，行列といったが，x が連続的な値を取る場合，行列はどんな形をしているのだろう？

問題 2-12 u クォークは +2/3 という電荷，d クォークは -1/3 という電荷を持っている．陽子，反陽子，中性子，反中性子，π^+, π^0, π^- は，それぞれ，どのようなクォークの組合せだと考えられるか？ ところで，中性子と反中性子は，電荷も質量も同じように思われる．いったいどうすれば中性子と反中性子を区別できるか．

問題 2-13 クォーク同士がグルオンで結びついているときは強い力が働いている．そのとき，電磁力や弱い力は，同時に働いているのだろうか．ミュオンのようなレプトンに強い力が働くことはあるだろうか．

問題 2-14 日本人初のノーベル賞受賞者の湯川秀樹(1907-1981)は，中間子を理論的に予言した．そのアイディアは，「核子の間に働く力は中間子のキャッチボールだ」というものだった．湯川は中間子の質量が m のとき，そのキャッチボールの到達範囲が，$\alpha \dfrac{1}{r} e^{-kr}$ になると仮定した．これを「湯川ポテンシャル」と呼ぶ．核力の到達範囲がおよそ $1/K$ ($K = 1/\lambda = \dfrac{mc}{\hbar}$) として，中間子の質量を見積もってみよ．また，その見積もりが，実際の中間子の質量にあてはまるかどうか，検討せよ．

問題 2-15 グルオンは R-$\bar{\text{G}}$, R-$\bar{\text{B}}$, ……など8種類ある．なぜ，8種類な

のだろう？

問題 2-16　もしも，グルオンのように，光子も光子同士で相互作用できたとしたら，われわれの世界はどうなるだろう？（ヒント：光子同士が相互作用すると，光子のエネルギー（振動数＝色）や進行方向や偏光状態などが変わってしまうから，われわれは世界をよく見ることができなくなってしまう！）

3
地球圏の超高エネルギー現象

　地球の外で加速され，地球に達する高エネルギー素粒子が宇宙線だ．その宇宙線のうち，太陽系の外で加速されるものを銀河宇宙線と呼ぶ．その大部分は陽子だと思ってさしつかえない．

　銀河円盤内のどこかで加速された宇宙線は，10^6-10^7 年もの長いときをかけて地球に到達する．この宇宙線が降り注ぐことで地球に与えるエネルギー（正確には仕事率[1]）の密度 U_R は 10^{-8} W/m^2 程度だ．この数字は，太陽放射 340 W/m^2 とくらべてみると，極端に小さい．

　しかし，宇宙線として降り注ぐ陽子1つと，太陽から降り注ぐ光子1つを比較してみると，まるで違うことがわかる．太陽からの光子がせいぜい数 eV から数十 eV であるのに対して，銀河宇宙線のほとんどは数十億 eV で，中には数十京 eV のさらに1万倍のものまである．宇宙線は，これまで人類が眼にしてきたものの中で，単位質量当たり最も高いエネルギーを持つ物質なのである．

　この章では，この宇宙線がもととなって地球圏で起こる高エネルギー現象を調べていこう．

3.1　宇宙線の起源

　宇宙線は，いったいどのように発生し，どうやって地球に到達するのだろう？　宇宙線の組成を調べてみると，実に多くの種類の原子核が含まれていることがわかる．しかし，私たちの身の周りの物質の元素組成とは多少異なる．これは宇宙線が銀河系内を旅する途中で，別の原子核（星間ガス）と衝突

---

[1] 仕事率：　単位時間当たりのエネルギー．[W] すなわち [J/s] が単位．

し，別の原子核が生まれることによる．つまり，衝突を次々と繰り返すことによって，もとの組成からどんどんずれていってしまうのだ．最近の研究成果から，宇宙線は地球に到達するまでに1000万年にも及ぶ「銀河の旅」をすることがわかってきた．

宇宙線とは

宇宙線はよく，「地球の外」からやってくる，高いエネルギーを持った素粒子だと説明される．地球を中心に考えれば，たしかにその通りなのだが，本当は，宇宙線が銀河系内をあるエネルギー密度で満たしていて，その中に地球がある，と考えたほうが実際の状況に近い．ここで少し，宇宙線発見史をたどることとしよう．

V. F. ヘス（Victor Franz Hess）は1910年代に気球を用いて，放射線の量と地面からの距離との関係を調べようとしていた．当時，放射線が岩石や鉱物など，地球上の物質から放出されることはよく知られていた．そこでヘスは，気球に乗って上空に行けば行くほど地面から離れていくのだから（つまり，放射線のもととなる物質からも離れていくのだから），放射線量も減っていくだろうと予測した．しかし，彼の予想とは反対に，放射線の量は上空へ行くほど強くなっていった．ヘスは，高度とともに増加する放射線が「宇宙からやってくる線」ではないかと考えた．太陽から太陽光線がやってくるのと同じように，宇宙のどこかにある発生源から，宇宙線が直接地球にやってくると考えたのである．彼は，この業績により，1936年にノーベル物理学賞を受賞している．しかし，素粒子が銀河系を満たしていて，その一部が地球にも漏れ出している，という考えには至らなかった．以下では宇宙線の実態について，順を追って考えてみたい．

2.1節で登場した宇宙誕生についての話を思い出してほしい．現代の宇宙論によると，宇宙線の大部分を占める陽子は，宇宙誕生後1秒後にはすでにできていたとされる．したがって，宇宙線のルーツをたどると，宇宙年齢1秒の時代にまでさかのぼる．

やがて，宇宙の温度が下がると，中性子と陽子が核融合を起こし，新しい原子核であるアルファ粒子[2]ができる．

さらに温度が下がると，やがて自由に飛び交っていた電子を束縛するようになり，原子の合成が進む．そして，原子が集まって，恒星をつくり始める．恒星は自重により，高温・高密度となって核融合反応が起きて，さらに重い原子核が生成される．これがわれわれの宇宙の始まりである．

　このように，数々の素粒子は，長い年月をかけて星となって輝いている．しかし，すべてが星になれるわけではない．星になれずに停滞している陽子も宇宙空間には数多く存在する．はたしてこれがわれわれの考える宇宙線のことだろうか？　だが，これだけでは宇宙線のエネルギーは説明できない．実際の宇宙はビッグバン以降どんどん冷えていくばかりで，何もしないと，陽子のエネルギーは低下する一方のはずだ．なぜ，宇宙線は光速に近い速さで地球に飛び込んでくるのだろう？

　現代の科学技術では，銀河系の外に行くことができない．だから，銀河系内で何が起きているのかを外から客観的に眺めることはできない．われわれにできることは，銀河系への唯一の窓である空を眺めることである．あとは既存の物理法則と数学を使って想像を膨らませる以外に方法はない．

　そこで，まずは，とっかかりとして，銀河系の中の宇宙線のエネルギー総量を地球上で観測できる値から見積もってみることにしよう．そこから何かヒントが見えてくるかもしれない．

　地球近傍の宇宙線のエネルギー密度(ρ_E)がおおよそ 1 eV/cm^3 であることから，銀河系全体での宇宙線の仕事率 L_{CR} を計算してみよう．さらに，少し大胆な仮定だが，地球近傍の宇宙線のエネルギー密度が，銀河円盤全体にわたる平均的なエネルギー密度だとすれば，

$$L_{CR} = \frac{V_D \rho_E}{\tau} \approx 5 \times 10^{33} \text{ W} \tag{3-1}$$

である．ここで，銀河円盤の体積(V_D)として，最近の望遠鏡観測で見積もられている値を用いれば，

$$V_D = \pi R^2 d \approx \pi (15 \text{ kpc})^2 (200 \text{ pc}) \approx 4 \times 10^{66} \text{ cm}^3 \tag{3-2}$$

と計算することができ[3]，銀河円盤内に宇宙線がとどまる時間は τ で，この

---

[2] ヘリウムの原子核のこと．陽子 2 個と中性子 2 個からなる．

時間は（次でも説明するが）およそ 6×10^6 年である（次項「宇宙線の閉じ込めと逃げ出し」参照）．

　宇宙線のエネルギーは銀河全体で見ると莫大であることがわかる．地球全体が受ける太陽放射の総量（17京4000兆ワット＝ 1.74×10^{17} W）の3京（3×10^{16}）倍である．こんなに大きなエネルギーは，いったいどこからやってくるのか？　実は，今から40年以上も前にV. L. ギンツブルグ（Vitaly Lazarevich Ginzburg）とS. I. シロバツキ（Sergei Ivanovich Syrovatskii）は，このエネルギーが超新星によるものではないかと考えていた．

　超新星とは，大質量の恒星の大規模な爆発現象であるが，夜空に明るい星が突如輝き出し，まるで「星が新しく生まれた」ように見えるので，こう呼ばれている．ここで，簡単な見積もりをしてみよう．それなりに妥当な仮定として，30年ごとに超新星から，速度 $u \sim 5 \times 10^6$ m/s で $10 M_\odot$（太陽質量の10倍）の物質が放出されると考えてみる．すると，超新星による銀河系全体でのエネルギー放出量は

$$L_{\text{SN}} \sim 3 \times 10^{35} \text{ W} \tag{3-3}$$

となる．これを式3-1と比較すると，超新星爆発で放出されるエネルギーのほぼ1%が宇宙線を加速するエネルギーに使われている計算になる．言い換えると，超新星爆発であれば，宇宙線加速のエネルギーをまかなえるということだ．

宇宙線の閉じ込めと逃げ出し

　宇宙線のほとんどは銀河系内を起源とし，超新星などにより加速されている可能性が高いことがわかった．宇宙線が銀河内に長時間閉じ込められると，銀河内物質との衝突で破砕し，核種が変わることも，最近の研究でわかってきた．それでは，宇宙線はいったいどれくらい長時間，銀河系内に閉じ込められるのだろうか？

　リチウム（Li），ベリリウム（Be），ホウ素（B），スカンジウム（Sc），バナジウム（V）などのような原子核の存在比が，太陽系内で見出されるものよりも

---

[3] パーセク（pc）は天文学で用いる距離の単位で，1 pcは約3.26光年に等しい．キロパーセク（kpc）はその1000倍の長さで，約3260光年に相当する．

はるかに大きな割合で，宇宙線中に2次核[4]として存在することが知られている．これらの核は，星の核合成において，最終の生成物としてはほとんど存在しない．しかし，原子核同士の衝突では生成される．炭素核や酸素核に，陽子や中性子を衝突させることにより，これらの元素が宇宙の中で容易に生成されうることが，判明しているのだ．このため，宇宙線の元素比を測定することで，宇宙線の通過した物質量を推測できる．1次核と2次核の組成比を測定すると，次のような結論が導かれる．

【結論】GeV 程度のエネルギーを持つ宇宙線は，加速されてから観測にかかるまで，水素にして平均 5-10 g/cm^2 の厚みを通過している．

最近の天体観測から，銀河円盤に垂直な軸に沿った物質量は約 10^{-3} g/cm^2 であることがわかっている．この数値を用いると，宇宙線は地球に到達するまでの間，銀河円盤の厚さの 5000 倍以上の距離を旅していることになる．宇宙線の速度を光速，銀河円盤の周縁部の厚さを 1000 光年とすると，宇宙線の銀河系内での旅行時間は 500 万 -1000 万年と計算される．

1次核と2次核の組成比をさらに詳しくエネルギーごとに調べていくと，エネルギーが増すほど，地球に到達するまでに通過する厚みが減る傾向があることがわかる．これは，宇宙線のエネルギーが上昇すると，銀河系で過ごす時間が短くなることを意味する．これはいったいなぜだろうか？

銀河磁場は，3マイクロガウス程度の強さで，ほぼ銀河の渦に沿っているが，大きな揺らぎがあることがわかっている．宇宙線は荷電粒子であるから，この磁場による擾乱を受ける．低エネルギーの宇宙線は磁場による擾乱を受けやすいが，高エネルギーの宇宙線はあまり影響を受けない．つまり，低エネルギー宇宙線にくらべ，高エネルギー宇宙線は，より直線的な経路を通って地球に到達するのである．これが高エネルギー宇宙線が低エネルギー宇宙線よりも，銀河系で過ごす時間が短い理由なのだ．

このように宇宙線は，多かれ少なかれ，磁場の揺らぎによる擾乱を繰り返すことで，常に進行方向を変えながら，銀河円盤内に捕獲されている．そして地球に向かって少しずつ染み出しているのだ．したがって加速源の位置に

---

[4] 2次核： もともと銀河系内に存在する原子核である1次核に高速粒子が衝突してできる新しい原子核のこと．

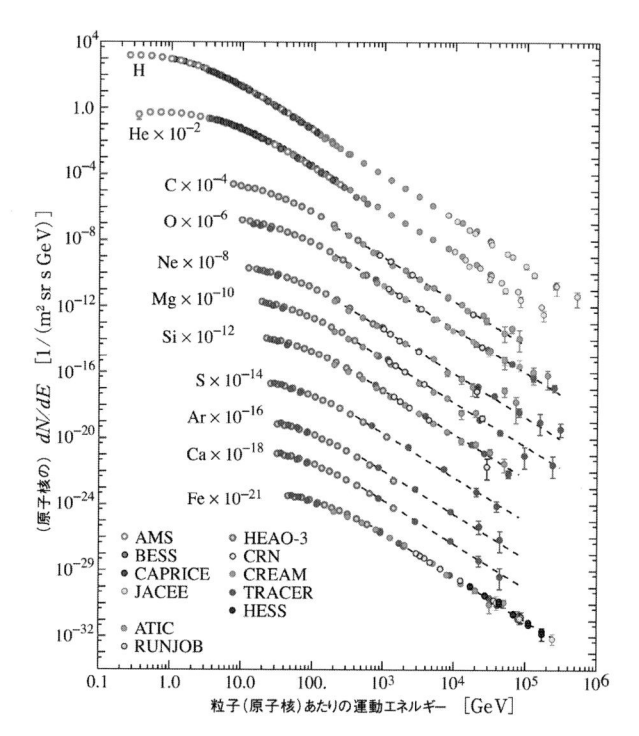

図 3-1 さまざまな 1 次宇宙線のエネルギースペクトル (J. Beringer *et al.* (2012) Phys. Rev. D86, 010001)
AMS, BESS, CAPRICE, JACEE, ATIC, RUNJOB, HEAO-3, CRN, CREAM, TRACER, HESS はそれぞれ観測データを表す.

関する情報は完全に失われている．このため，地球上の観測者から見ると宇宙線の飛来方向は等方的である．

宇宙線のエネルギー分布

　地球近傍で観測される宇宙線の微分フラックスとエネルギーの関係を図 3-1 に示す．ここで 1 ステラジアン (sr) という単位は，頂角約 60° の円錐が取り囲む，立体的な角度 (あるいは視野) だと考えてほしい．これを見ると，宇宙線のフラックスは，エネルギーが増大するとともに急激に減っていくことがわかる．また，主な元素成分の割合は，エネルギーによらずほぼ一定であることもわかる．いずれの元素成分についても，エネルギーの逆べき乗則

でよく記述でき，その強度とエネルギーは

$$\frac{dN}{dE} \propto E^{-(\gamma+1)} \tag{3-4}$$

という関係式で与えられる．式3-4の指数部分はエネルギーによって異なり，$E \sim 10^6$ GeVまでは$\gamma \sim 1.7$であるが，このエネルギー以上では$\gamma \sim 2.0$となって，エネルギーの増大とともに宇宙線フラックスの減少の度合いが加速する．

気球などを使い，大気の頂上に検出器を持っていくと，地球近傍の陽子に対する他の原子核の存在比を調べることができる．ここで，便宜上，質量数[5]が6-9の粒子をM，質量数が10-20の粒子をH，質量数が21-30のものをVHと表示すると，1000個の陽子に対して，120個のアルファ粒子，8.3個のM，2.3個のH，1.3個のVHという存在比になる．

3.2 大気中のミュオン

メソンの発生

銀河系を1000万年旅してきた1次宇宙線が，地球に入射して初めて衝突するのが大気原子核だ．大気原子核は，銀河内に浮遊する他の原子核とくらべて目立った差異があるわけではない．だが，銀河系のはるか彼方で起きている現象が直接観測できないのに対して，原子核の衝突によってできる新しい粒子は直接観測できる．そのため，大気原子核は，宇宙線の反応に対する理解を深める上で有益だ．

ここで，静止している核子に別の核子が衝突する反応を考えよう．衝突する核子の運動エネルギーが，ある閾値を超えると，メソンが発生する．最も発生しやすいのがパイオンと呼ばれるメソンで，uクォークと反dクォーク（反粒子はdクォークと反uクォーク）が結びついてできている．静止している質量μの核子に，別の粒子が衝突し，新たに質量mの粒子が発生するのに必要な臨界エネルギーは，

$$E_0 = 2mc^2 \left[1 + \frac{m}{4\mu} \right] \tag{3-5}$$

---

[5] 質量数： 粒子に含まれる陽子と中性子の数の合計のこと．

である(章末問題3-1).質量 m の粒子をつくるのに,単純にエネルギー m だけあればよいというわけではないことに注意されたい.ここで,μ として陽子の質量 938 MeV/c^2(中性子の質量 940 MeV/c^2 を入れても結果はさほど変わらない),m としてパイオンの質量 141 MeV/c^2 を入れると,

$$E_0 = 293 \text{ MeV} \tag{3-6}$$

である(ここでは c を明示したが,以下では原則として $c=1$ とするので注意していただきたい).動いている核子の運動エネルギーがパイオンを生成する限界エネルギーぎりぎりで,かろうじてパイオンがつくられる状態であったとしても,パイオンの運動エネルギーはゼロではないことに注意されたい.

衝突する核子のエネルギーが 293 MeV より大きいと,その分,パイオンの運動エネルギーになる.パイオン発生の確率は,核子のエネルギーとともに急激に上昇し,数 GeV で一定の断面積($\sim 4 \times 10^{-26}$ cm^2)に近づく.衝突する核子のエネルギーが 293 MeV よりずっと大きいと,2個以上のパイオンが発生する.これは,ブルックヘブン国立研究所のコスモトロン(3 GeV)という加速器でたしかめられた.加速した陽子を,高圧の水素ガスをつめた霧箱に入れて,陽子 – 陽子衝突実験を行うと,実際に2個以上のパイオンの発生が認められたのである.これをパイオンの多重発生という.

大気中でのミュオン発生

パイオンは,安定に存在できず,非常に短い時間で崩壊する.荷電パイオン($\pi^\pm$)の場合はこの時間は 26 ns(ナノ秒)で,たとえば π^+ の場合正ミュオンとミューニュートリノのペアに崩壊する.(π^- の場合は負ミュオン μ^- と反ミューニュートリノ $\bar{\nu}_\mu$ に崩壊する.)

$$\pi^+ \to \mu^+ + \nu_\mu \tag{3-7}$$

パイオンと同様,ミュオン($\mu^\pm$)も崩壊するが,崩壊にかかる時間はずっと長く 2.2 μs で,たとえば μ^+ の場合,反ミューニュートリノ($\bar{\nu}_\mu$),陽電子(e^+),電子ニュートリノ(ν_e)の3つの粒子に崩壊する.(μ^- の場合は,ミューニュートリノ ν_μ,電子 e^-,反電子ニュートリノ $\bar{\nu}_e$ に崩壊する.)

$$\mu^+ \to e^+ + \nu_e + \bar{\nu}_\mu \tag{3-8}$$

これらの粒子は通常,直接観測にはかからないが,崩壊の運動学(kinematics)

からその存在を確認できる．電子にはさらに下の世代がないために，崩壊できない．

このように，$\pi^{\pm}$の場合は1個の粒子が，2個の粒子に崩壊する(これを2体崩壊と呼ぶ)が，$\mu^{\pm}$の場合は3個(同様に3体崩壊)の粒子になる．2個の粒子に崩壊する場合，崩壊後の粒子の質量がわかっていれば，それらの運動量は完全に予言できる．つまり，もとのパイオンの運動量がわかっていれば，ミュオンとニュートリノの運動量どちらも正確に計算できるということだ．興味のある読者は演習問題(章末問題3-2)で計算してみてほしい．

地球大気の原子核と宇宙線が衝突すると，パイオンやケイオンなどのメソンやそれらの崩壊生成物として，ミュオン，ニュートリノ，電子などが発生することがわかった．そのうち，メソンは大気中で大部分がミュオンとニュートリノに崩壊してしまうが，ミュオン，ニュートリノは相対論効果によって(38ページ参照)地表まで届く．電子は安定的に存在できる粒子であるが，地表にはあまり届かない．なぜなら，軽い電子は，58ページに出てきた制動輻射によりエネルギーを放出しやすいからである．エネルギーを放出して低エネルギーになった電子は大気に吸収され，地表までなかなか届かない．大気への1次宇宙線の入射からミュオンが生成されるまでの流れは，すでに図1-3に示した．

ここで，ミュオンの生成過程をもう少し詳しく見てみよう．以下に大気中での主なメソン崩壊プロセスを示す(カッコ内はそれが起きる割合)．

$$\text{荷電パイオン} \quad \pi^{\pm} \to \mu^{\pm} + \nu_{\mu}(\bar{\nu}_{\mu}) \ (\sim 100\%) \tag{3-9}$$

$$\text{中性パイオン} \quad \pi^{0} \to 2\gamma \ (\sim 98.8\%) \tag{3-10}$$

$$\text{荷電ケイオン} \quad K^{\pm} \to \mu^{\pm} + \nu_{\mu}(\bar{\nu}_{\mu}) \ (\sim 63.5\%) \tag{3-11}$$

$$\text{中性ケイオン} \quad K_{L} \to \pi^{\pm} + e^{\mp} + \nu_{e}(\bar{\nu}_{e}) \ (\sim 38.7\%) \tag{3-12}$$

以上のプロセスのうち，ミュオンを直接生成するのは荷電パイオンと荷電ケイオンで，ともに2体崩壊である．式3-12ではミュオンは直接つくられないが，パイオンが崩壊して結果的にミュオンを生成する．

大気中でつくられたパイオンは，崩壊する前に別の大気原子核に衝突することで，大気の頂上を起点に数を増やしていく．しかし，そのうちパイオン崩壊がひんぱんに起こるようになり，地表に到達するまでにはそのほとんど

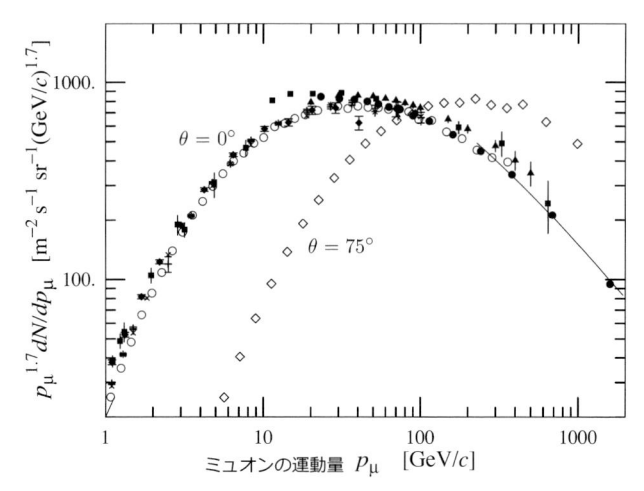

図 3-2 ミュオンの運動量スペクトル（J. Beringer *et al.*（2012）Phys. Rev. D86, 010001）
相対論効果を考慮することでエネルギースペクトルと読み替えることが可能である．◆，■，▼，▲，×，+，○，●はすべて観測データを表す．

が崩壊する．地表に到達するまでにすべてのパイオンが崩壊すると仮定することで，地表におけるミュオンのエネルギースペクトルを予言できる．

　ここで，図 3-2 を見てほしい．これは実際のミュオンスペクトルである．低エネルギーになるほど数が減っていることに気づくはずだ．図中の角度は天頂から測った角度である．この角度が 90 度に近づくほど水平に近い．つまり，ミュオンが大気を通る距離が長くなる．

　この理由は，ミュオンが 2.2 μs で崩壊する不安定な粒子だからだ．大気中を飛行する間に減っていくミュオンの残存率（崩壊しなかったミュオンともとのミュオン数との比）W_μ は距離の関数で，以下のような形をとる：

$$W_\mu = \exp\left[-L/L_{\text{decay}}\right] \tag{3-13}$$

ここで，L_{decay} とはミュオンの残存率が e^{-1} になるまでに走れる典型的な距離を表していて，崩壊長と呼ばれる．たとえば，秒速 100 km で飛ぶミュオンの崩壊長は 22 cm である．ここでアインシュタインの相対性理論を思い出してほしい．L_{decay} はミュオンの運動エネルギー（E_μ）によって変わる．つまり，L_{decay} は E_μ がミュオンの質量エネルギー m_μ よりも充分大きいときは，以下の

式となる．

$$L_{\text{decay}} = c\,\beta\gamma\tau = 3\times 10^8\,(\text{m/s}) \times E_\mu/m_\mu \times 2.2\times 10^{-6}\,(\text{s})$$
$$= 660\,E_\mu/m_\mu\,(\text{m}) \tag{3-14}$$

ミュオンはエネルギーが高ければ高いほど遠くに飛べるのだ．

　ここで不思議なことに気づく．鉛直方向から飛来するミュオン（鉛直ミュオン）とくらべて，水平方向から飛来するミュオン（水平ミュオン）のフラックスの方が小さい．しかし，その平均エネルギーは鉛直ミュオンとくらべて高い．これはいったいどうしてだろうか？

　鉛直方向では大気の密度勾配が大きい．その分，平均自由行程も短くなり，メソンの生成確率が上がる．しかし，同時に，できたメソンが大気原子核にぶつかる確率も上がるため，メソンの多重度は上がる．メソンの多重度はエネルギーの分散を意味する．その結果，1つ1つの粒子のエネルギーは低くなる．もとのメソンのエネルギーが低ければ，ミュオンのエネルギーも低くなる．

　一方，水平方向では大気の密度勾配が小さいため，いったんできたメソンは別の原子核にぶつかる前に崩壊する確率が高い．エネルギーが分散されない分，エネルギーの高いミュオンができる．

ミュオンの透過力

　この節ではミュオンのエネルギー損失過程を詳しく見ていくことにしよう．

　ミュオンのエネルギー損失過程は，連続的な過程と離散的（確率的）な過程に分けられる．まず，連続的な過程について説明する．この反応はミュオンが物質を通る際，周りの媒質の原子を電離することで起きる（48ページ参照）．反応頻度は高いが，反応ごとのエネルギー損失は小さいので，全体として，少しずつ連続的にエネルギーを落としているように見える．そのエネルギー損失割合 dE/dX は，数百 MeV で極小値（岩石でおよそ 1.9 MeV/(g/cm^2)）を持ち，高エネルギーに向けてゆっくりと大きくなる．岩石中のミュオンの電離損失はミュオンのエネルギーが充分に高い（$E_\mu > 10$ GeV）とき，5% よりよい近似で，

$$\frac{dE_\mu}{dX} \approx 1.888 + 0.0768\, G \text{ MeV}/(\text{g/cm}^2) \tag{3-15}$$

と書ける．ここで

$$G = \ln\,(E_\mu/m_\mu c^2) \tag{3-16}$$

である．

　式2-42とくらべてみると，最小電離エネルギー以下で dE/dx が急速に小さくなる効果は無視されていて，logの中にあるエネルギーの増大とともにゆっくりと増えていく項のみが残されていることがわかる．ミュオンエネルギーが充分高く，最小電離エネルギー以下の反応を無視しているためだ．

　次に離散的な過程だが，ミュオンはエネルギーが上がってくると，制動輻射も起こすようになる．この過程はミュオンの飛跡に沿って離散的にバーストを起こすのが特徴である．ミュオンによる制動輻射はそもそも起こりにくいため，本来，制動輻射に埋もれてしまうはずの直接対生成(63ページ参照)や光核反応過程(67-68ページ参照)も意外と目立つ．制動輻射，直接対生成，光核反応によるエネルギー損失はすべてミュオンのエネルギーに比例する．したがって，ミュオンが十分高エネルギーであるとき，ミュオンのエネルギー損失は式3-16と組み合わせることで，以下の近似式で表すことができる．

$$\frac{dE_\mu}{dX} = [1.88 + 0.077 \ln\,(E_\mu/M) + 3.9E_\mu] \times 10^{-6} \text{ TeV}/(\text{g/cm}^2) \tag{3-17}$$

最初の2項が電離損失，最後の1項が制動輻射，直接対生成，光核反応によるエネルギー損失を表している．電離損失の項はエネルギー依存性が小さいことから E_μ をあるエネルギーで代表させても，結果を大きくは左右しない．たとえば，式3-17の第2項目の E_μ を1 TeVで代表させると，式3-17は解析的に解くことができて，

$$X = 2.5 \times 10^3 \ln\,(1.5E_\mu + 1) \times 10^{-6} \text{ TeV}/(\text{g/cm}^2) \tag{3-18}$$

となる．図3-3に岩石に対するミュオンの透過力を示した．

ニュートリノの透過力

　ついでに，ニュートリノの透過力についても簡単に説明しておこう．ミューニュートリノは荷電 W ボソンの交換を行うと，ミュオンに変化する．で

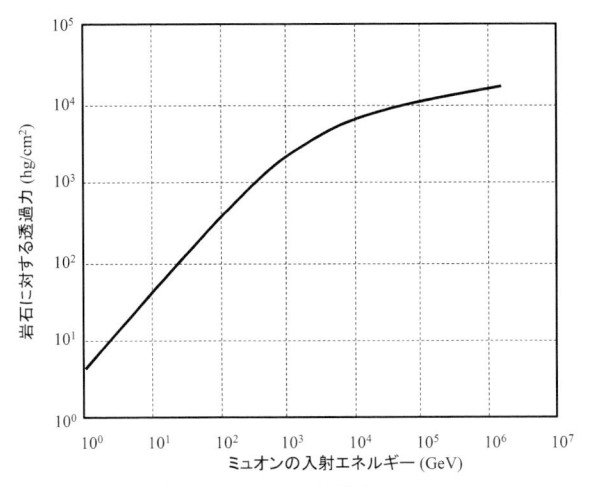

図 3-3 岩石に対するミュオンの透過力
hg（ヘクトグラム）は 100 g のこと．

きたミュオンは物質中で電離，制動輻射，直接対生成，そして光核反応を起こし，エネルギーを落としていき，ついには止まる．ニュートリノは中性 Z ボソンの交換によってもエネルギーが変化する（これはニュートリノの再生成と呼ばれる）(71 ページ参照)．

これらの積分効果が，ニュートリノの透過力となる．ニュートリノの吸収量は荷電カレント反応，中性カレント反応を介した以下の反応断面積を用いて，定量的に見積もることが可能だ．

$$\sigma/E \sim 10^{-35} \text{ cm}^2/\text{TeV} \tag{3-19}$$

この断面積から，ニュートリノの減衰量を計算できる．その結果が図 3-4 である．1 TeV のニュートリノが地球全体を通り抜けてもたかだか数％程度しか減衰しないことがわかる．式 3-19 は，10 TeV 程度までは正しいことがわかっているが，それ以上になると，データがあまりないため，良くわかっていない．

図 3-4 でニュートリノの透過率が $1/e$ になる距離をニュートリノの吸収長と定義すると，25 TeV のニュートリノの吸収長はおよそ地球の直径となることがわかる．

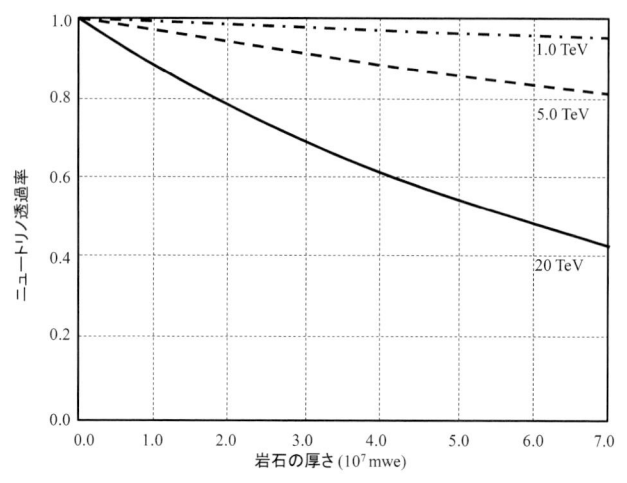

図3-4 ニュートリノ減衰率と通り抜ける岩石の厚さの関係
we：水当量．

地下実験

さて，ここまでの議論で，ミュオンは1つの連続的過程と3つの離散的過程（制動輻射，直接対生成，光核反応）によりエネルギーを失っていくことがわかった．式3-17の精度をたしかめるために，地下トンネルを利用した実験がこれまでに数多く行われてきた（表3-1）．トンネルの上の分厚い岩盤を利用して，ミュオンの吸収量を正確に測ろうというのである．だが図3-3を見ると，特に高エネルギーミュオンの性質を調べるためには，岩盤の厚さは1 mや2 mでは全然足りないことがわかるはずだ．

そのため，地下実験は，坑道を利用する場合が多い．たとえば，インドのコーラー（Kolar）金鉱（KGF; Kolar Gold Field）には世界でも有数の深さをほこる坑道がある．そこで行われたミュオン観測実験では，深さ2.3 km（水換算にしておよそ7 km）に検出器が置かれた．さらに深いところに相当する垂直強度は，斜め方向のミュオンを測定する．

このようにして得られた地下ミュオンフラックスと岩盤の厚みとの関係を図3-5に示しておく．水換算にして12 km以上の深さで，岩の厚さに対して無関係となるミュオンフラックスは，大気ニュートリノと岩石の相互作用からくるもので，次の章で詳しく取り上げる（104ページ参照）．

表 3-1　地下宇宙線実験の立地条件（Gaisser, 1990 に基づく）

場所	深さ (kmwe)[6]	透過できる最小ミュオンエネルギー (TeV)
KGF（インド）	7	10
Homestake（アメリカ）	4.4	2.4
Mont Blanc（フランス）	5	3
Frejus（フランス-イタリア）	4.5	2.5
Gran Sasso（イタリア）	4	2
IMB（アメリカ）	1.57	0.44
KAMIOKA（日本）	2.7	1
Soudan（アメリカ）	1.8	0.53
IceCube（南極）	1.5-2.8	0.4-1

　地下実験では，ミュオンが通過する岩石の密度と組成が良くわかっていなくてはいけない．鉱山ではさまざまな場所で岩石の標本が採取され，山体内部の地質構造(密度構造)が良く解析されている．このため，ミュオンフラックスの地下測定は鉱山でよく行われてきた．たとえば，コーラー金鉱で採取されるコーラー岩石は $\rho = 3.04$ g/cm^3 と正確に調べられている．

3.3　ミュオンフラックスを測る

　私たちは光子の数を「明るさ」として，そして光子の振動数を「色」として認識している．ミュオンも，光子と同じように1個，2個と数えることができ，光子と同じようにエネルギー(速さや重さ)によって振動数が異なっている．ある決まった時間に目に飛び込んでくる粒子の数(フラックスという)は「明るさ」に，粒子のエネルギー(速さと重さ)は「色」に対応するというわけだ．

　私たちの知らない間に雨あられのように降り注ぐミュオンは今も地球の一部を通り抜けている．私たちの眼が進化すれば，街灯のない真夜中の山奥でも，ミュオンの「明るさ」や「色」を感じるかもしれない．それでは人間の眼の進化を待たなければいけないのだろうか？　いや，実はこの色や明るさをとらえる便利な機械があるのだ．

---

[6]　kmwe = km 水等量．10^5 g/cm^2 に相当する．

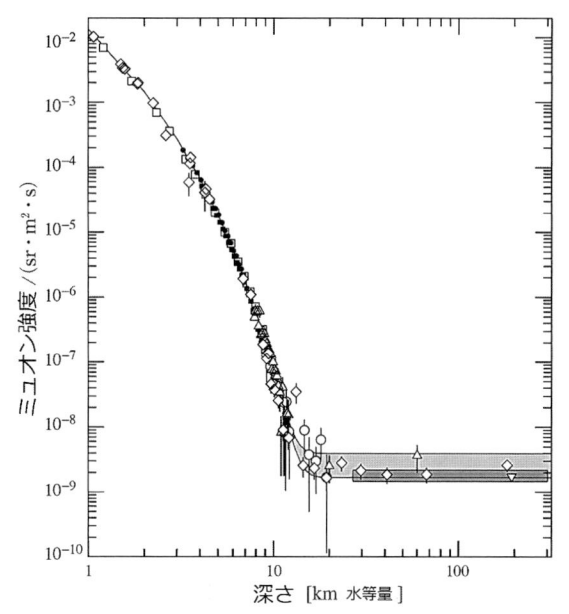

図 3-5 地下ミュオン強度と岩盤の厚みとの関係（J. Beringer *et al.*（2012）Phys. Rev. D86, 010001）
◇，■，□，△，○，●はすべて観測データを表す．

　ミュオンの検出は，ミュオンが物質を通過する間にエネルギーを損失する現象を利用している．このエネルギーは，光や電離電子といった多様な形をとるため，その種類や性質の詳細な説明をこの節にまとめることは難しい．今日，ミュオグラフィに実績のある検出器は，環境的制限のせいで，写真作用を用いる方法，電離電子を増幅させる方法，そして光学的方法に限られている．

原子核乾板

　放射線が写真作用を持つことは古くから知られていたが，普通の写真フィルムではミュオンを写すことはできない．感度が充分ではないからだ．より感度の高い写真乳剤(感光材料)が必要になる．このような乳剤は調整が難しく，熟練した技師が長年の経験とノウハウを駆使してつくるものである．また，従来，写真乾板の解析は，顕微鏡を用いて，人の目でミュオンの飛跡を

1つ1つ追っていく方法をとっていた．これではミュオグラフィを実際に行うことは非常に難しい．なぜなら，何百万本ものミュオン飛跡の方向を測定する必要があるからである．写真乾板を用いたミュオグラフィは，写真乾板の高速自動読み取り装置があって初めて実現する．

　ここではまず，原子核乾板の乳剤が普通の写真フィルムとくらべて何が違うのかについて説明していこう．乳剤とはハロゲン化銀の微結晶をゼラチンの中に分散させたものである．一般的に，乳剤に光を当てると，ハロゲン化銀結晶の伝導帯に電子が上げられ，これが不純物や光子欠陥などに捕獲される．その結果，不純物や光子欠陥は負に帯電して，近傍にある銀イオンを引きつけて中和する．これが「感光」である．原子核乾板の乳剤の中に含まれているハロゲン化銀の結晶粒は光だけでなく，荷電粒子が通過することによっても感光する．つまり，現像すると，粒子の飛跡に沿って黒い銀の結晶粒が並ぶのである．原子核乾板の感光過程は光の場合と同じだが，光と違って荷電粒子は1回通るきりであるから，光の場合よりミクロの感度がよくかつ一様でなければならない．このため，原子核乾板では乳剤中の銀の量を増している．普通の写真フィルムと原子核乾板では臭化銀の量が倍程度も違う．

　乾板は多量の銀を含んでいる．銀の原子番号 Z は大変大きいから単位長さ当たりの電離損失も大きい．荷電粒子の通過によって，現像可能な粒ができる確率 P は，乾板中での電離損失量にほぼ比例する．したがって，粒子の飛跡を顕微鏡で調べて得られる，単位長さ当たりに記録される黒い粒の数（grain density と呼ぶ）は，だいたい電離を表すものである．ところが，P があまりにも小さいと，粒子の飛跡に沿って並ぶ黒い粒が飛び飛びになって，背景に埋もれてわからなくなってしまう．ちょうどぎりぎりに背景と区別できる grain density に対応する電離を k_1 として，乳剤の中での荷電粒子の最小の電離を k_0 とすると，k_1/k_0 がその乾板の荷電粒子識別の「感度」のようなものになる．この値が小さいほど感度が良く，1以下であれば荷電粒子が速度質量に関係なくすべて識別される．

　実際には，荷電粒子に対する感度はハロゲン化銀の結晶粒の形，大きさ，粒度のそろい方，密度，ゼラチンの性質などでデリケートに変わる．この1つ1つを経験と社内独自のノウハウを持って最適化するのである．日本のフ

ジフィルムの原子核乾板は $k_1/k_0 < 1$ なので最小電離(minimum ionization)の粒子をも識別できる乾板で，ミュオグラフィに使用できる．

　ミュオグラフィでは，ノイズ(電子や陽電子など)を効果的に落とし，ミュオンだけを取り出す必要がある．だが，1枚の写真乾板では，高エネルギーの電子と，ミュオンを区別することは難しい．写真乾板では物質量が少な過ぎて，どちらも直線的な飛跡をつくるからだ．乾板単体ではミュオンと電子を区別できないのだ．そのため，乾板でミュオグラフィ観測を行うためにはちょっとした工夫が必要なのだが，それについては122ページで説明する．

　原子核乾板は，他の検出器とくらべて，3つの利点を持つことから，特殊な環境下でのミュオグラフィに用いられる．まず第1に記録に関する利点がある．原子核乾板は外部から電気を供給しなくても長期間(数カ月程度まで)の積分事象を記録することができる．次にサイズに関する利点である．写真乾板を用いた検出器システム全体のサイズは他の検出器にくらべて小さい．また，取り扱いも比較的簡単である．第3の利点は，空間分解能が非常に良いことである．そのため，ミュオンの飛来角度を精度良く求めることができる．

シンチレーション検出器

　シンチレーションの現象を粒子の検出に使ったのは大変古い話で，ラザフォードが原子核を発見した有名な実験にまでさかのぼる．彼はアルファ粒子が進む方向に燐光性の硫化亜鉛を塗ったついたてを置いて，アルファ粒子がぶつかるごとに見える光点を肉眼で数えて，測定を行ったのである．現在ではこの光を肉眼でとらえることはなくなったが，荷電粒子が通るたびに出てくる燐光を数えるという原理は今も昔も変わっていない．

　光電子増倍管とプラスチックシンチレーターを用いる現代の方法は，高い時間分解能とイベントの数え落としがほとんどないことが大きな利点だ．プラスチックシンチレーターは，シンチレーターの溶媒をプラスチックに置き換えたもので，形状，大きさが自由に変えられるため，ミュオグラフィ各種の測定を良い条件で行える．

　これまで，シンチレーターの材料としては，有機液体から無機固体まで，

表 3-2　ミュオン検出器

材質	密度（g/cm³）	屈折率	ピーク波長（nm）	崩壊時間（秒）
ポリスチレン +パラタフェニル	1.04-1.06	1.58-1.62	λ = 420-500	5×10^{-9}

いろいろなものが用いられてきたが，ミュオグラフィでは，軽い，不燃性，衝撃に強い，非毒性などの点からプラスチックが用いられる．ミュオグラフィに用いられているプラスチックシンチレーターの物質とその典型的な特性を表 3-2 に示した．

　電子やミュオンなどの荷電粒子を**シンチレーター**に通すと発光が起きる．しかし，人間の眼に見えるほどは明るくならないから，日常生活で発生する他の光に埋もれてしまう．そこで，完全に遮光された透明のシンチレーターにミュオンを通すことになる．ミュオンはその中で光を放出する．シンチレーターは完全に遮光されているので，その光が外へ漏れ出すことも，外部から光が入ってくることもない．

　シンチレーターは透明なので，端に光を反射するもの(鏡，アルミ箔など)を貼っておけば，光は反射を繰り返して，シンチレーター中にいきわたる．そこで，シンチレーターの端に光を電気信号に変えるセンサー(光電子増倍管)をつけておく．光電子増倍管が出力する信号を測定すれば，ミュオンが通ったことがわかる．光速は 30 万 km/s(ただし，物質の中なので，少し速度が落ちる)なので，ミュオンが通ってから，光電子倍増管が光をとらえるまでにかかる時間は最大でもおおよそ(シンチレーターの大きさ)÷(約 30 万 km)秒と見積もれる．シンチレーターの大きさはせいぜい数 m だから，ミュオンがシンチレーターを通ったとほぼ同時に光が観測されるわけである．

　ここで，**光電子増倍管**について説明しよう．図 3-6 にある特殊な板 A(光電面と呼ばれる)に光子が当たると，光電面から電子が 1 個はじき出される(光電子と呼ぶ)．自由になった電子はマイナスの電荷を持っているので，プラスに帯電している板 B に強く引きつけられ，かなりの勢いでぶつかる．その結果，B の中の電子が 3 つ 4 つはじき出され，各々が同じくプラスに帯電している板 C にぶつかり，さらにたくさんの電子をはじき出す．この過程をある程度の電流になるだけの電子，つまり数千万個の電子がはじき出さ

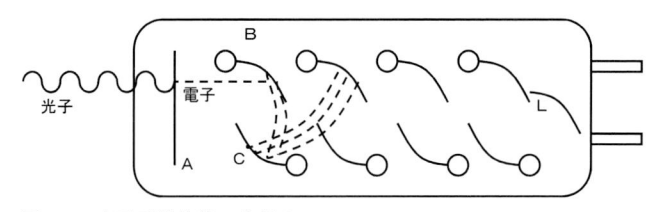

図 3-6 光電子増倍管の仕組み
光電子増倍管はミュオグラフィでよく使われる．

れるまで繰り返す．光子が光電面に当たるたびに電流が取り出されるのだ．

だが，光電子増倍管は，ミュオンが入ってこなくても電子を出すことがある．それは周囲の熱によって確率的に飛び出す電子(熱電子)である．この熱電子と光電子を区別する必要がある．しかし，これは思いのほか簡単だ．熱電子は確率的に飛び出す電子であるから，通常1つである．これに対して，少し厚めの(1 cm 以上)シンチレーターをミュオンが通ると，何千個もの光子が発生する．つまり，光電子増倍管の出力に現れる電気量としては，数千倍違ってくるのだ．この電気量の違いは出力電気パルスの波高の違いとなって現れる．この波高を，ディスクリミネーター(波高弁別器)を用いて分離すれば，熱電子による増倍管の出力を取り除けるのだ．

チェレンコフ検出器

これまで，ミュオグラフィではあまり用いられたことはないが，ミュオンをとらえる方法として，**チェレンコフ光**の測定についてもふれておきたい．この光は，物質中をミュオンが「物質中の光速」よりも速く走るときに発生する(チェレンコフ輻射と呼ばれる)．ミュオンが物質中の光よりも速く走っているために，ミュオン前方にどんどん光子が溜まっていく．だが，チェレンコフ輻射で発生する光子数はそれほど多くはない．それは以下の簡単な計算からわかる．

ある物質内のミュオンの速度が，その物質中を通過する光の速度より速くなると，図3-7のようにミュオンの飛跡を波源とする輻射が放出される．フランク・タムの理論からミュオンの速度を u (ただし $c = 1$ の単位系)，物質の屈折率を n とすると，図3-7において

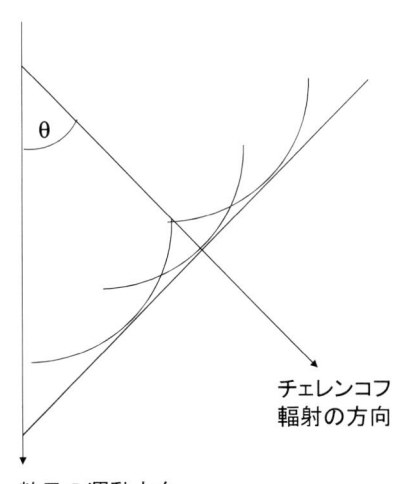

図 3-7 チェレンコフ輻射の原理

$$\cos\theta \frac{1}{nu}, \ nu > 1 \tag{3-20}$$

が成り立つ．また，行路 1 cm 当たりに輻射される光子の数(I)は以下で与えられる．

$$Idv = \frac{4\pi^2 e^2 z^2}{h}\left(1 - \frac{1}{u^2 n^2}\right)dv = \frac{2\pi z^2}{137}\sin^2\theta dv$$
$$= 1.53 \times 10^{-12} z^2 \sin^2\theta dv \tag{3-21}$$

式 3-21 を計算することにより，光速に近い速度で走っているミュオンが屈折率 1.33 の水を通ることによって輻射する光子数は，光電子増倍管がとらえられる波長領域(350-550 nm($\Delta v = 2.5\times 10^{14}$/s))でだいたい 165 個/cm であることがわかる．この数字は，cm 当たり数千個の光子が発生するシンチレーターの発光効率と比べて少ない．このようにチェレンコフ検出器の効率は理想的な場合でもかなり低いもので，ミュオン検出器としてはあまり役に立たないように思われる．しかし，透明度さえ高ければ，媒体は何でもよいので，海水や氷を用いて巨大な検出器を比較的安価につくることが可能だ．

余談になるが，ミューニュートリノが検出器の内外で反応を起こして変わったミュオンを検出するニュートリノグラフィでは，非常に数少ないイベン

トをとらえる必要があり，必要となる検出器サイズは $1\mathrm{~km}^3$ にも及ぶ．ニュートリノグラフィでシンチレーターを用いるのはあまり現実的ではないのだ．

ガス検出器

ガス検出器の基本原理は，ガスに入射した荷電粒子がつくるたくさんの電子・イオンを電流として取り出し，それを測定することである．最も簡単なガス検出器は，ガスで満たされたカソード，アノードの 2 つの電極を持った密閉容器からできていて，電圧が両電極に印加される．ここで，2 つの電極間のガスが電離すると，電子イオンペアができて，負の電荷を持つ電子と正の電荷を持つイオンはそれぞれの電極に引きつけられる．分離したイオンと電子は両極間の電場によって加速され，周囲の原子を電離することでなだれのように増幅が起きる．密閉容器内で加速した荷電粒子が別のガス原子に衝突し，別の電子イオンペアをつくるのである．これが，電離電流として電流計で測定される[7]．

各々の電子イオンペアがつくる「なだれ増幅」の合計として取り出される電気パルスの波高は，荷電粒子がガス内で失ったエネルギーに比例するため，入射粒子のエネルギー推定に用いることが可能である．また，パルスの数を数えることで，入射粒子の数を測定することができる．しかし，電流自体は，フェムトアンペアからピコアンペア程度の大変小さなもので，測定に用いられる電流計は非常に高精度のものでなければいけない．荷電粒子に高い感度を持つガス検出器は，有感面積を増やすことが比較的容易で，ミュオグラフィに用いることも可能だ．

●

問題 3-1 式 3-5 を導け．
問題 3-2 エネルギー E_0，質量 m_0 の粒子が m_1, m_2 の粒子に崩壊する場合を考える．m_0 は静止しているものとする．重心系での崩壊粒子の運動量，運動エネルギーをそれぞれ P_1, P_2, E_1, E_2 とする．E_1 は（したがって E_2 も）m_0,

---

[7] 容器内に印加される電場は，イオンと電子が再結合するのを防ぐ役割も果たしている．

m_1, m_2 が決まれば一意に決まることを示せ．

問題 3-3 パイオンがミュオンとニュートリノに崩壊するとき，ミュオンがパイオンのエネルギーをどれだけ持ち去るかを考える．ニュートリノも，もちろんエネルギーを持っていくので，ミュオンとニュートリノのエネルギーを合算すると，もとのパイオンのエネルギーとなる．ミュオンとニュートリノへのエネルギー分配比はそれぞれ 0.78 と 0.22 であることを示せ．同様にケイオンのミュオンとニュートリノへのエネルギー分配比はそれぞれ 0.52 と 0.48 であることを示せ．

問題 3-4 L を入射角 θ(天頂から測った角度)で入射するミュオンが大気を通る距離であるとする．パイオンがあっという間に崩壊することを仮定すると，パイオンの典型的な生成高度を X として，大気中をミュオンが走る距離は

$$L = (R^2\cos^2\theta + 2RX + X^2)^{1/2} - R\cos\theta$$

となることを示せ．

＃ 4
地球を透かす素粒子

　宇宙線は地球に降り注ぐ高エネルギー素粒子であり，大きく2つに分類される．1つは，超新星爆発などによって加速されて，銀河系内部を伝わる1次宇宙線．もう1つは，地球大気に到達した1次宇宙線が，大気と相互作用してできる2次宇宙線である．
　2次宇宙線の種類には，物質との相互作用が桁違いに強い**核子成分**(主にパイオンや陽子)や，物質との相互作用が核子成分ほどは強くない**電磁成分**(電子やミュオンなど)，そして物質とほとんど相互作用しないニュートリノがある．地球上で観測される 1 GeV 以上の宇宙線に含まれるミュオンの割合は30%で，残りのほとんどはニュートリノである．
　この章では，ミュオンを用いた「ミュオグラフィ」，そしてニュートリノを用いた「ニュートリノグラフィ」にスポットを当て，その方法を技術論的な観点から説明する．

4.1　地殻を透かす

地中のミュオン
　物質に入射したミュオンは物質中で少しずつエネルギーを落としていき，ついには止まる[1]．止まるまでに走る距離は，入射時のミュオンエネルギーで

---

[1] 物質内部をある程度以上走ると，途中で止まるものが続出してかなり数が減ってくる．この減り具合は，ミュオン経路にどれくらい電子や陽子があるかに比例する．また，山の内部のいろいろな場所で電子や核子の数密度は異なっている(物質の違いや状態の違いにより原子の種類や密度が違う)．だから，ミュオンが散乱する回数は，山の内部の場所によって変わってくる．散乱回数が多いと，ミュオンは山に吸収されやすい(衝突によってエネルギーをロスするような散乱を非弾性散乱と呼んでいる)．逆に，散乱回数が少ないと，ミュオンが山を通り抜ける率が高まる．

決まる(図3-3参照).2次宇宙線に含まれるミュオンのエネルギーはさまざまなので,透過経路が一定なら,あるものは止まり,あるものは通り抜ける.

ミュオンが物質と反応する頻度は,ミュオンが物質の中を進んでいくうちに出会う原子(電子と核子)の数,すなわち(粒子がたどった経路の長さ)×(その周囲の密度)に比例する.つまり経路の長さ(**経路長**)が同じならば,岩石中を通るのと空気中を通るのとではミュオンが出会う原子の総数はまったく異なってくる.ミュオンが出会う原子の総数が多ければ,ミュオンのエネルギー損失確率も増えるのだ.

そのため,宇宙線ミュオンは通ってくる物質量に応じて,フラックスが減衰する.もとのフラックスから吸収された分を差し引いたフラックス,つまり「透過フラックス」は,ミュオンのエネルギーフラックス(図3-2)を,透過できる最低エネルギーE_cから∞まで積分することで計算できる.観測対象のあらゆる位置に対してE_cを決められれば,得られるミュオグラフを予想することも可能だ.

ここで忘れてはならないのは,経路の長さによってもミュオンの数が左右される点だ.ミュオンの通り道に沿った原子の総数は,経路が長ければ増え,短ければ減る.つまり,経路の長さを一律にしないと,空気も岩石も区別できないということになる.そこで工夫して,「同じ経路長当たりどれだけミュオンが減ったか」という表現をとることにする.たとえば,詳細な地形情報があれば,ミュオン経路に沿った岩石密度の平均値を決定することが可能だ.

図3-5は鉛直ミュオン強度と岩盤の厚みとの関係を表すが,図4-1は水平近くのミュオンのみに注目して,岩石に対する透過ミュオンフラックスを密度長(経路長×経路に沿った平均密度)の関数として計算したものである.元素組成は岩石であるが,水等量($\rho = 1$ g/cm^3)で表現している.地殻を構成する岩石は密度の低いものから高いものまで(1-3 g/cm^3)さまざまで,同じ厚み(同じ経路長)でもE_cが異なる.そこで,水を基準にして表現した方が,(水の何倍というふうに)いろいろな密度に対しての計算がしやすいのである.

図3-5や図4-1からミュオンはキロメートルにも及ぶ岩盤を通り抜けることがわかるが,岩盤の厚みや,密度が高くなるほど,透過できる数が急激に減る.山体内部に密度の変化があれば,透過できるミュオン強度に濃淡がで

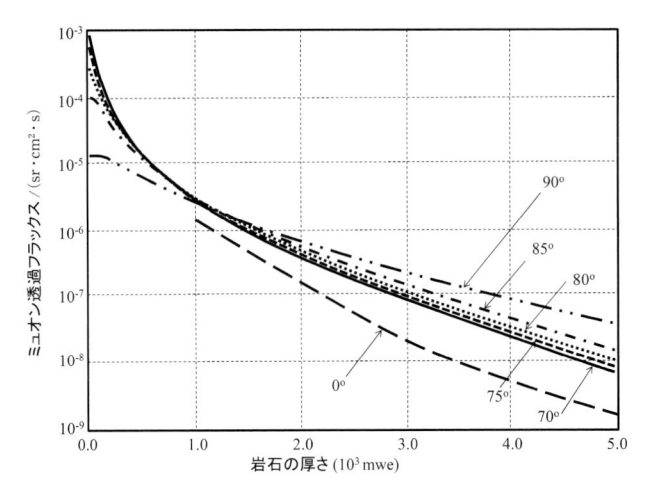

図4-1 岩石に対する透過ミュオンフラックスをミュオン透過密度長(経路長×経路に沿った平均密度)の関数として計算したもの
　　角度は天頂からの角度を示す.

きるのだ.

ところが，図3-5を見ると，厚みが20 kmを越えたあたりで，透過ミュオン強度が岩石の厚みに相関しなくなる．非常に小さなフラックス($\sim 10^{-9}$/(sr·m^2·s))で地表から現れる(図3-5)このミュオンは,

$$\nu_\mu + 核子 \rightarrow \mu^+ \cdots \quad (4\text{-}1)$$

という反応で，地球の裏側からやってきたニュートリノによってつくられるミュオンである(荷電カレント反応；71ページ参照)．これらは，検出器の周囲ほぼ1 km以内でν_μが岩盤と相互作用をしてつくられると考えられている.

ミュオグラフィのシミュレーション技術

数学的モデルをもとにしたシミュレーション技術は，ミュオグラフィのクオリティーを飛躍的に向上させる．ミュオグラフィの問題は，電離，制動輻射，直接対生成等についての断面積が与えられれば，原理的には完全に解けるはずだ．しかし，実際にこの方程式を解こうとすると数学的困難を伴う．特に，ミュオンの飛跡に沿って離散的にバーストを起こす反応は難しい．したがって，仮にこの方程式が数学的に解けたとしても，式3-18のような解

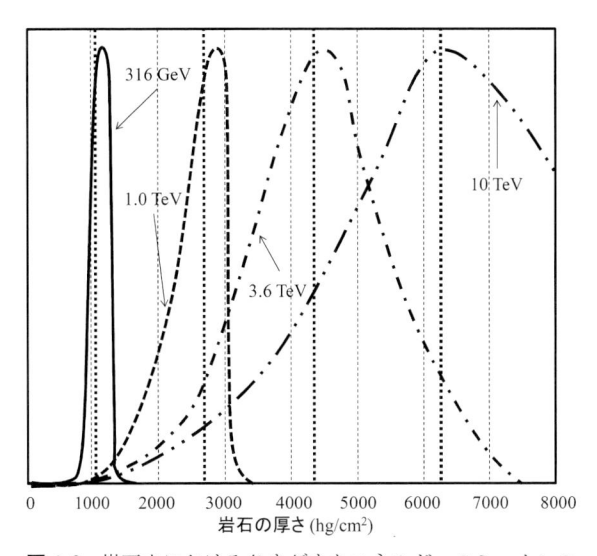

図 4-2 岩石中におけるさまざまなエネルギーのミュオンの停止位置をプロットしたもの
　式 3-17 の解から得られるミュオンのエネルギー損失の平均値も同時にプロットされている（点線）．

は，ミュオンのエネルギー損失の平均の性質を示すだけであって，実際のミュオンの分布を示しているわけではない．

　電子が制動輻射を起こすまでに走る距離，その際に失うエネルギーなど，すべては統計的な量である．したがって，ある一定のエネルギーから始まる過程でも，個々のミュオンのエネルギー損失は，その平均の周りに「揺らぐ」ことになる．このような問題を扱うために，R. R. ウィルソン(Robert R. Wilson)は，モンテカルロ法と呼ばれる方法を考え出した．モンテカルロは地中海に面する有名な賭博場であるが，この方法は問題の持つ統計性を数学的には扱わず，仮想的な「ルーレット」を使って確率的に扱うために，このような名前がついたのである．

　モンテカルロ法を用いれば，ミュオンの飛跡に沿って離散的にバーストを起こす反応過程でのエネルギー損失を確率論的に計算することが可能だ．図 4-2 には，式 3-17 を解析的に解くことで一意に決まるはずのミュオンの透過力が，実際にはそうはならないことが示されている．これは，個々のミュ

オンのエネルギー損失が，その平均の周りに「揺らぐ」ため，同じエネルギーのミュオンでも，薄くても通り抜けられなかったり，厚くても通り抜けられたりといったことが起きるからである．

　現在では，Geant4 などをはじめとする，モンテカルロ法を活用したコンピュータシミュレーションシステムも開発されていて，検出器設計や実験結果のシミュレーションなど多くの場面で活用されている．さらに計算速度を向上させるため，さまざまなアルゴリズムが考案され，現在ではノートパソコンでも充分にモンテカルロシミュレーションが行えるようになってきている．シミュレーションシステムの汎用化は多くの利用者によるテストや評価を促すことにつながり，結果としてシミュレーションの信頼性が高まっている．このシミュレーション技術を用いて，実際のミュオグラフィ観測をコンピュータの中に仮想的に再現することもでき，データと比較分析することも可能だ．

　【コラム】 モンテカルロ法とは： モンテカルロ法に馴染みがない読者のために，非常に簡単な例として，円の面積を求める問題を紹介しよう．もちろん，円の半径を r として，円の面積は πr^2 で求まる．小学生でも知っている公式だ．しかし，この公式を本気で求めようとすれば，積分を使うしかない．小学校では円を微小な扇型に分割して並べ直し，面積を計算するようだが，あれは厳密にいえば積分することに当たる．

　ここで仮に，問題が複雑で，積分するべき関数が知られていない，あるいは初等関数で表すことができないような場合，われわれはコンピュータを使ったシミュレーションにより数値的な近似値を求めることになる．その際に幅広く活躍するのがモンテカルロ法なのである．

　問題 半径1の円の面積をモンテカルロ法によって求めよ

　解法 1辺の長さが2の正方形（$0 \leq x \leq 2, 0 \leq y \leq 2$）を考える．この正方形に内接する半径1の円を考える．コンピュータで0以上2以下の擬似乱数を $2n$ 回発生させ，その数値を $(x_1, y_1), (x_2, y_2), \cdots, (x_n, y_n)$ という n 個の点座標とみなす．この n 個の点について，それぞれ，円の中心 $(1, 1)$ からの距離を計算する（$\sqrt{(x_1-1)^2 + (y_1-1)^2}$ など）．n 個の点のうち，円の中心からの距離が1以下，すなわち円の内部にあるものを数え，m 個とする．n と m が充分に大きい場合，円の面積：正方形の面積＝円内にある点の数：

正方形内にある点の数 = $m:n$ が成り立つ．よって，円の面積は，正方形の面積の 4 に m/n を掛ければ求まる．

　ようするに，正方形の中にランダムにたくさんの点を発生させ，そのうち，円の中にある点の数を数えれば，正方形と円の面積の比が求まる，ということだ．「ランダム」というところがミソである．円と正方形が重なった図形めがけてランダムに小石を投げた場合，円の内側に小石が落ちる確率は，その面積に比例する．本場のモンテカルロではルーレットかサイコロを使うのだろうが，物理学では，コンピュータに内蔵された擬似乱数を発生させて確率，すなわち面積を計算する．

　モンテカルロ法は，科学のあらゆる分野で使われている．たとえば，素粒子同士の反応確率(いわゆる衝突断面積)でも，基本的に 2 体問題より複雑になると，解析的には計算ができなくなるので，モンテカルロ法を使うことになる．

ミュオグラフィのテスト実験

　宇宙線ミュオンの透過力は高く，ミュオグラフィをシミュレートできるような巨大な物体を実験室に用意することは容易ではない．かといって，ニュートリノグラフィのように100%シミュレーションに頼らなければいけないほどでもないので，さまざまなデモンストレーション実験が行われている．最も簡単なデモンストレーション実験では，建物が利用されることが多い．建物の影響でミュオン強度の減少が確認できるが，減少量は少なく，定性的な議論にならざるを得ない．

　もう一歩進んだテスト実験では，鉛，鉄，あるいは重コン(コンクリートに鉛を混ぜ込んだもの)のブロックなどが使われる．このテストに用いられる吸収体の総重量は数百 kg ～数十トン程度が限界であるため，幅，奥行きともに数十 cm ～ m 程度までと大きさにかなり制限がかかり，やはり透過ミュオンフラックスを正確に議論することは難しい．しかし，建物と違い，形状が直方体，立方体などとシンプルなので，検出器の位置分解能のテストには有用である．

4.2 野外におけるミュオグラフィ観測システム

　ミュオグラフィ観測が成功するか否かは，ミュオンの信号をどれだけ効率良く検出できるかにかかっている．鉛直方向から飛来するミュオンフラックスは $70\,/(m^2 \cdot sr \cdot s)$ である．これらを取り逃すことなく，ミュオンだけを確実に 100％ 処理することが，理想的なミュオグラフィ観測システムに求められる．

　ミュオグラフィシステムは高エネルギー素粒子物理学実験で用いる素粒子検出器と似ているが，最も大きな違いは位置情報（あるいは角度情報）や時間分解能にそれほど精度がいらない点である．これは同時に，低消費電力でメンテナンスフリーの装置ができる可能性を示唆している．

　だが，野外観測に必要な機能と高解像度ミュオグラフを同時に満足させることは難しい．検出器の有感面積，角度分解能，検出効率，アクセプタンス[2]，可搬性（重さや耐衝撃性も含む），消費電力，コストは，互いに両立させることが難しい機能の一例である．

　たとえば，ハンガリーの研究チームが洞窟探査に選んだのは，ガス検出器技術を用いたシステムである．このシステムは大きさが 1 辺 50 cm の立方体に入る程度の大きさで，重さはわずか 13 kg だった．彼らは鍾乳洞に検出器を人力で設置し，周囲の地層構造を推定した．洞窟は浅く，検出器の有感面積が小さくてもよかったのだ．一方，フランスの研究チームが西インド諸島の火山観測で用いたシステムの総重量は，800 kg もある．しかし，システムが組み立て式に設計されていたため，人海戦術により厳しい地形環境でも設置できた．このように，野外観測で用いる検出器には，普遍的なデザインやサイズといったものはなく，対象の規模や設置環境に特化してさまざまな形に最適化されるのが現状である．以下では野外のミュオグラフィ観測に使われてきた素粒子検出器を簡単に紹介していく．

---

[2] 検出器のアクセプタンスとは，「ある与えられた方向に対して，ある与えられた立体角でミュオンフラックスをとらえることのできる能力」のこと．たとえば，より短時間で解像度の高い画像を得るためには検出器の有感面積を最優先させる必要がある．画質は，観測期間，検出器の面積，そしてアクセプタンスの積で決まるからである．

ガイガーカウンター

　ガイガーカウンターは最も初期のミュオグラフィで用いられた小型軽量なミュオグラフィ検出器だ．オーストラリアの物理学者 E. P. ジョージ（E. P. George）は，ガイガーカウンターを用いて坑道上部の厚さ 100 m 程度の地層の密度測定を行った（George, 1955）．ミュオン強度は坑道内部と外部で測定され，その比からミュオンの透過量を見積もった．その結果，地層の厚みを水等量で 163 ± 8 m と決定した（コアサンプリングの結果は 175 ± 6 m）．しかし，ガイガーカウンターはミュオンの飛来方向の検知ができないので，現在ではこれをミュオグラフィ観測に利用しているグループは存在しない．

原子核写真乾板

　原子核乾板は商用電源が使えない環境下でもミュオグラフィ観測を行える大変有用な検出器である．しかし実際の観測では，画像を得るまでに，設置，回収，現像，解析の一連の作業が必須だ．原子核乾板中に記録されたミュオン飛跡は，現像，定着，乾燥の後，顕微鏡で調べられる．飛跡は，黒化した乳剤粒子の並びとして観測される．

　写真乾板は 1930 年代から素粒子物理学実験に使われてきたが，ごく最近までミュオグラフィに用いられることはなかった．ミュオン飛跡の読み出しを人間の目で行うにはあまりにも膨大な時間がかかったからである．フィルムを自動的に解析できる顕微鏡の開発により，ようやく写真乾板をミュオグラフィに使うことができるようになってきた．

シンチレーション検出器

　現在，ミュオグラフィ観測で最もよく利用されているのがシンチレーション検出器である．このタイプの検出器について，ここで少し詳しく紹介しよう．シンチレーション検出器の主要部品であるシンチレーションカウンターは，「荷電粒子を効率良く光に変換する装置」であるシンチレーターを光電子増倍管と組み合わせたシンプルな荷電粒子検出器である．野外の観測点へのアクセスは一般的に難しいことから，装置の安定化と遠隔通信機能が追求され，高度な技術が確立されてきた．検出システムには幾何学的分類による

平板型と円筒型のシステム，そして用いるシンチレーターが固体であるか液体であるかの違いによる固体と液体のシステムがそれぞれあるが，取り扱いの便利な固体システムが専ら野外のミュオグラフィに用いられている．「シンプルな構造」を徹底し，装置としての信頼性をあげる努力がなされてきたのだ．

(1) 平板型システム

まず平板型では，システムは2枚以上の平板型の検出器で構成され，それぞれの平板は水平方向と垂直方向に各々 N_x 個および N_y 個の細長い棒状のプラスチックシンチレーターを並べることで構成される．こうしてできる画素数は $N_x \times N_y$ 個である．

少しわかりにくいと思うので，もう少し詳しく説明しよう．まず細長いプラスチックシンチレーターを1枚用意する．ミュオンがシンチレーターを通過すると，光電子増倍管がそれをカウントする．しかし，ミュオンがシンチレーターのどこを通ったかはわからない．そこでもう1枚，同じ形のシンチレーターを用意して，今度は前のシンチレーターに直交するように重ねる（重なった部分はシンチレーターの幅を1辺とする正方形になる）．ミュオンが各々のシンチレーターを通るたびに光電子増倍管はカウントするが，カウントするタイミングはてんでばらばらである．ところが，2つの光電子増倍管から同時に信号が出れば，ミュオンが2つのシンチレーターの重なった正方形の部分を通過したということになる．シンチレーターを多数横に並べたものを2セットつくり，一方を90度回転させて重ね，同様に多くの正方形（ピクセル）をつくっても，同じ原理で，どのピクセルをミュオンが通ったかを知ることができる．つまり，シンチレーターの重なっている部分がミュオンに対する有感領域，そしてその面積が有感面積となる．たとえば幅5 cm，長さ100 cmのシンチレーター40本を使って，平板型の検出器をつくれば，その検出器の有感面積は，1 m^2 となる．有感面積はシンチレーターの長さと数を変えることで，自由に調節可能である．

ただ，これだけでは，面内のどの位置にミュオンが飛び込んできたかはわかっても，どの方向から飛んできたのかまではわからない．そこで，今度は

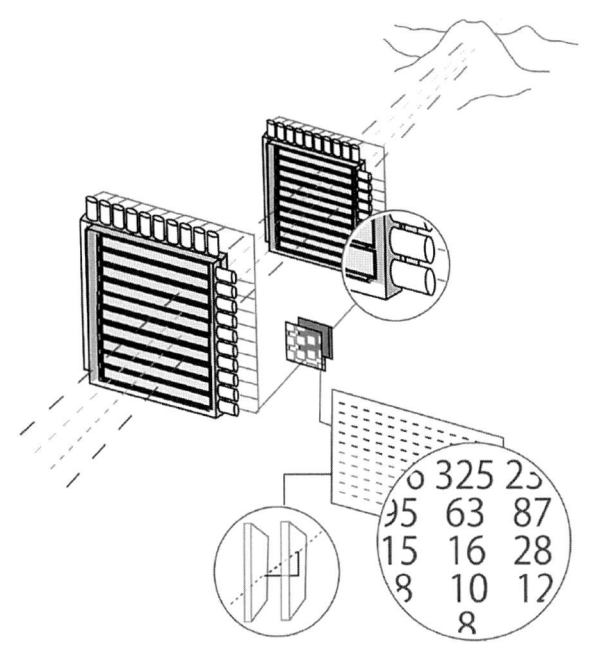

図 4-3 平板型システム概念図
　　　長方形の装置はプラスチックシンチレーター，円筒形の装置は光電子増倍管を各々示す．平板間に配された電子回路によって，飛跡情報が記録される．数字はミュオンカウント数を示す．

前述した平板型の検出器(**位置敏感**な面と呼ぶ)を2枚用意して，距離を離して配置する．そうすると，2面でそれぞれどのピクセルをミュオンが通ったかを知ることができる．2つのピクセルを直線で結んでやれば，ミュオン飛跡の角度を知ることができる[3]（図4-3）．この装置(ミュオグラフィ検出器と呼ぶ)の視野角は平板間の距離を変えることで可能である．もうお気づきだと思うが，ピクセルを小さくしないと，ミュオンの飛来角度を精度よく決めることはできない．ピクセルの大きさが有限であることに伴う角度の決定

---

[3] ミュオン飛跡はミュオンが通過した位置$(a_{i,j}, b_{k,l})$のペアで決定される．ここで，$a_{i,j}$はミュオンが最初に通過した位置，$b_{k,l}$はミュオンが次に通過した位置をそれぞれ示す．i, kは1からN_xまでとり，j, lは1からN_yまでとる．位置$(a_{i,j}, b_{k,l})$が取り得る組合せの数は$(2N_x - 1) \times (2N_y - 1)$個である．

精度を角度分解能と呼ぶ．ピクセルのサイズはシンチレーターの幅より良くすることはできない．とにかくこのようにして決まったミュオン飛跡の角度を観測対象の方向へまっすぐ延ばしていけば，そのミュオンが対象物体内部のどこを通ってきたかがわかるというわけだ．この方法が可能なのは，ミュオンが物質通過中にほとんど曲がらないという性質を持っているからである．

(2) 円筒型システム

次に，円筒型のシステムは，シンチレーションファイバーや細長いプラスチックシンチレーターをらせん状に配置して，円筒面をつくるのが一般的である．シンチレーションファイバーは直径1 mm以下と細く，面内で高い位置分解能を実現できる．一方，有感面積を増やすためには大量のファイバーが必要なので，シグナルはマルチアノード光電子増倍管[4]などを用いて一度に大量に読み出すのが一般的だ．

図4-4のように，ファイバーは層構造をなすように円筒に巻きつけられ，最も内側の層にはらせん状に配列されたファイバー群(第2, 3層)に加えて，円筒の軸に平行に配列されたファイバー群(第1層)が存在する．ミュオン飛跡の再構築法は平板型のシステムと少し異なり，以下の手順で行われる．
(1) 第1層を用いて，ミュオン飛跡を含む平面(円筒軸に平行な成分)を決定する．(2) 次に第2層，第3層でシグナルを出したファイバーを同定する．(3) 第1, 2, 3層間でシグナルを出したファイバーの交点を求める．実際には交点はたくさん求まるので，その中で一直線に並ぶものだけを取り出す．ここでは最小2乗法が採用される．有感面積は平板型システムと異なり[5]，いずれの方位角に対しても同じであるが，仰角方向では水平が最大となる．角度分解能などその他の特徴は平板型のシステムに準ずる．

---

[4] マルチアノード光電子増倍管は4×4チャンネルや8×8チャンネルの正方マトリクス状(中には正方マトリクス状になっていないものもある)に並ぶフォトカソードを一体の光電子増倍管内で独立に持っているため，大量のシグナルを1つの光電子増倍管で一度に独立に読み出すことが可能だ．一般的にマルチアノード光電子増倍管はおよそ1000 Vの電圧を印加することで10^6以上のゲインを得ることができる．高電圧分配なども不要である．
[5] 平板型システムの場合，アクセプタンスは検出器面と垂直な方向$(0,0)$で最大になる．

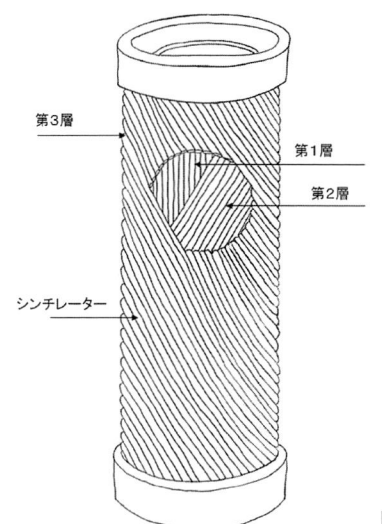

図 4-4 円筒型システムの概念図

（第3層、第1層、第2層、シンチレーター のラベル付き）

【コラム】　最小2乗法とは：　最小2乗法も自然科学のあらゆる分野で使われる手法だ．ここでは，最小2乗法の「ひな形」として簡単な観測データに $y = ax + b$ という直線をあてはめる問題を考えてみよう．

問題　$(x, y) = (1, 2)$，$(3, 6)$，$(3, 5)$ という3点データに最小2乗法を用いて直線をあてはめよ．

解法　3つのデータについて，y と $ax + b$ の差をとり，それを2乗し，和 S を計算する．すなわち，

$$S = \{2 - (a+b)\}^2 + \{6 - (3a+b)\}^2 + \{5 - (3a+b)\}^2$$

が2乗和である．これは係数 a と b の関数とみなすことができるから，a と b で微分してゼロとおけば，最小値を求めることが可能だ．a で微分してゼロとおくと，

$$37a + 13b = 70$$

同様に，b で微分してゼロとおくと，

$$13a + 5b = 26$$

この2つを解けば，

$$a = 3/4$$
$$b = 13/4$$

となる．ゆえに求める直線は $y = 3/4x + 13/4$ である．

ところで，なぜ「2乗」の和を最小にするのであろう．実は，ちょっと

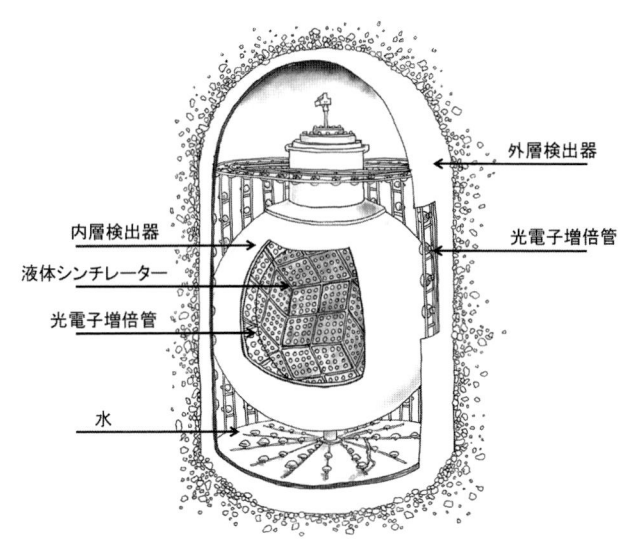

図 4-5 液体システムの概念図

考えればわかるように，単なる和であると，プラスのずれとマイナスのずれが偶然，相殺されることがあるからなのだ．

最小2乗法は，データからモデル式を求めるために，幅広く応用が利く手法だが，適用限界もある．誤差が正規分布でない場合や系統誤差が無視できない場合などは注意を要する．統計学の専門書等で適用限界を確認した上で使うべきである．

(3) 液体システム

プラスチックシンチレーターは取り扱いがやさしく，長期にわたってメンテナンスを必要としない．一方，極端に検出効率の低いニュートリノを現実的な時間でとらえるには，検出器の有感面積を増やすほかないが，プラスチックシンチレーターを巨大化するには費用の面から限度がある．そこで用いられるのが液体シンチレーターなのだ．液体のシンチレーターをタンクに流し込むだけで巨大なセンサーをつくれる．図 4-5 は典型的な液体システムの概念図である．

（4）シンチレーション光の読み出し

　シンチレーション光の読み出しには光電子増倍管などの光センサーが用いられる．これが意外と電力を消費するところなので，野外観測の場合，特に光センサーの低消費電力化が必要だ．

　光電子増倍管には，1000 V を超える高い電圧をかける必要がある．この電圧を普通の電圧変換器を使って得ようとすると，巻き線の電気抵抗によるジュール損（負荷電流の2乗にほぼ比例する損失）が大きく，エネルギー効率が悪い．コッククロフト・ウォルトン回路[6] の実装により，この電圧変換器をシステムから取り除くことができる．これまでの観測実験で，コッククロフト・ウォルトン回路を取り入れた光電子増倍管は，低消費電力ながら優れた性能を持つことが実証されている．

　一方，光センサーとして半導体センサーの利用も可能だ．半導体センサーには，光に対する感度に優れたものがあり，ミュオグラフィを進化させる可能性を秘めている．半導体センサーは大変小さく（数 mm 角），消費電力も10万分の1ワット程度とほぼ無視できる．

　目下解決しなければいけない課題は，半導体センサーのノイズレベルである．これが野外でのミュオグラフィ観測を行う上で障壁となる．センサーの温度を一定に保てば，ノイズの影響を最小限に抑えられるが，温度を一定に保つために電気を大量に使っては意味がない．半導体センサーのメリットが薄れないよう，工夫が必要だ．

ガス検出器

　ガス検出器は，これまでもっぱら洞窟内の観測に用いられてきた．洞窟内部は湿度が高いという問題があるが，内部の気温は1年を通してほぼ一定である．温度依存性が大きいガス検出器に適した環境といえよう．

　ガス検出器は数 mm 程度の高い位置分解能を実現できるため[7]，一定の温

---

　[6]　コッククロフト・ウォルトン回路とは，交流またはパルス状の直流を高電圧の直流に昇圧する回路をいう．英国の物理学者 J. D. コッククロフト（John Douglas Cookcroft）と E. T. S. ウォルトン（Ernest Thomas Sinton Walton）によって開発された．
　[7]　たとえば，Barnaföldi et al.（2012）らが自然洞窟内の観測で用いたガス検出器の位置分解能は 4 mm である．

度環境下で使う限り，ガス検出器はシンチレーション検出器とくらべて重さ，コスト，位置分解能の点で優れた検出器である．しかし，どうしても避けられないのがガス交換だ．検出器内部を新鮮なガスで常に満たしておく必要があるため，長期間にわたるミュオグラフィ観測ではガスタンクそのものも定期的に交換しなければいけない．

チェレンコフ検出器

チェレンコフ検出器をミュオグラフィ検出器として用いた実績は，装置評価用のテスト実験[8]を除いて例がない．これは観測対象の近くまで巨大な検出器を動かすことが困難だからである．

だが，小型のチェレンコフ検出器を低エネルギーミュオンのフィルターとして利用すれば，より解像度の高い画像を得るのに役に立つだろう．0.4 GeV以下のミュオンのエネルギー損失レートは非常に高く，物質中で何度も散乱するため，再構築されたミュオンの飛跡は，実際の飛跡と大きく異なることがある．チェレンコフ検出器は相対論的ミュオンだけをとらえるため，これを低エネルギーミュオン除去に利用すれば，ターゲットボリュームの通過経路の同定精度が上がる．

4.3　ミュオグラフィ観測におけるデータ処理技術

データ収集技術

ミュオグラフィ検出器のデータ収集部はその役割から前段部と後段部に分けられる．光センサーが出力する信号はいわゆるアナログパルスで，そのままでは処理することができない．そこで，前段部では定められた閾値より大きなアナログパルスを矩形波に変換する．矩形波が立ち上がっている時間は，次にくる信号と重ならない程度に十分短くなっている必要がある．この時間は通常，1億分の1秒程度である．後段部では，矩形波を時系列的に解析することで，ミュオン飛跡を決定する．また，シリアルポートやLANを通し

---

[8] 岐阜県と富山県の県境近くに設置されたSuper-Kamiokandeを用いたもの．

て，データ収集コンピュータに解析結果を送る役割も果たす．

　ミュオグラフィ観測システムのデータ取得部分は，従来，極端に電力消費が大きな部分であった．これを大きく改善することで，電子回路を用いるいわゆるリアルタイムミュオグラフィがようやく実用的なものになった．

　データ取得部分の低消費電力化，小型化のための有効な手段は，データ収集部を1つの集積回路（チップ）上に実装することである．そうすれば，同一チップ内の信号伝達距離が短くなるため，信号伝達に使用する電力を抑えられる．だが，集積回路の開発には多額の費用と開発期間が必要だ．商用チップの場合は，量産化により開発費を回収することが可能だが，ミュオグラフィ観測で，集積回路を新たに開発するのはあまりに非現実的だ．

　この問題を解決するのがFPGAチップ技術だ．FPGAは書き込みできるが，実用上，何度でも書き込み内容を変更できるため，開発効率が飛躍的に向上する．FPGAチップはField Programmable Gate Arrayの略で，プログラミングすることができるLSIのうち再書き換え可能であるものを指す．FPGA内にはウェブサーバを組み込むこともでき，インターネットを介して情報を読み出すことも可能だ．

ミュオントラッキング技術

　ミュオン飛跡の決定法には，アナログ，デジタル，そしてアナログとデジタルを合わせたハイブリッド方式の3つの方式がある．アナログ方式は，シンチレーション光などが光電子増倍管に到達する時間差を利用して位置決めをする方式だ．デジタル方式（4.2節で説明済み）は，光学的に分割されているシンチレーターの組合せで位置決めを行う方式だ．

　ミュオグラフィで用いられるアナログ検出器は，プラスチックシンチレーターの1枚板で，分割されていない．たとえば図4-6にあるように，シンチレーターのどこをミュオンが通ったかは，シンチレーション光が4隅に取りつけられた光電子増倍管に届く時間差から求める[9]．この方法を用いると，ミュオンの通過位置を数cmの精度で位置決めできる[10]．アナログ方式では，

---

[9] シンチレーターの中を光が走る時間はm当たり5.3 nsである．

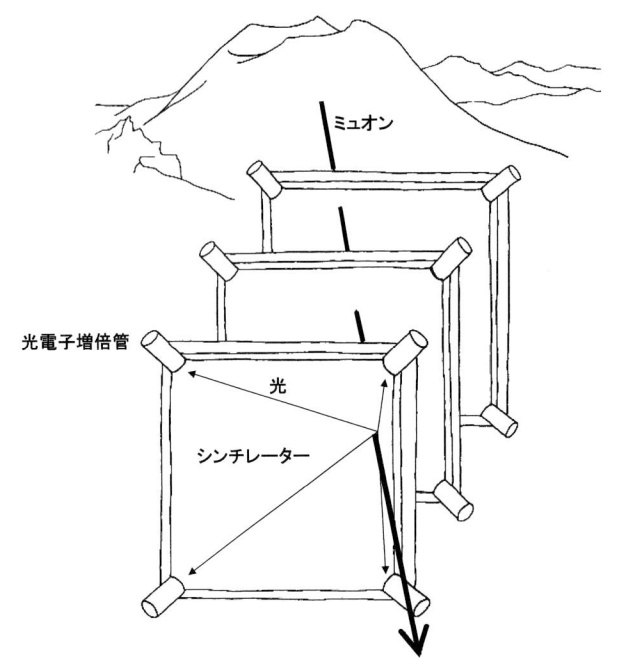

図 4-6 アナログ方式の概念図

粒子通過時のタイミングの精度を向上させることによって，位置分解能を上げることができるが，ミュオンが通過したタイミングを常に精度良くモニタリングしなければいけないといった問題も併せ持つ．

一方，デジタル方式では，シンチレーターが物理的に分割されているので

---

[10] アナログ方式の解析では，以下の情報がデータ収集の後段部で生成される．
(1) 基準時刻と 4 隅からの信号のタイミングとの差．
(2) それぞれのシンチレーター内でのミュオンが通過した位置の情報 (x, y)．
(3) (x_1, y_1) と (x_3, y_3) をつないだ角度．ここで (x_2, y_2) が 3 つの点が一直線上に並ぶかどうかの判断に用いられる．(x_1, y_1) は 1 枚目の，(x_2, y_2) は 2 枚目の，(x_3, y_3) は 3 枚目の位置敏感な面をそれぞれ表す．
(4) 3 枚の位置敏感な面をミュオンが通過した時間の相対的な時間差．この情報はミュオンがどの方向から飛来したかを決定するのに使われる．たとえば 1 から 3 を順番に通過したものは前方から飛来したミュオン，3 から 1 を順番に通過したものは後方から飛来したミュオン，順番に並ばないものはランダムバックグランドとして処理される．2 枚の位置敏感な面の間に挿入されるリダンダントな位置敏感な面(121 ページ参照)の数が多いほど，(3)の精度は上がる．

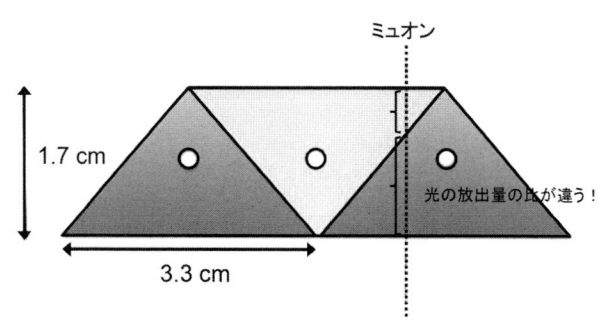

図 4-7 ハイブリッド方式の原理

（図 4-3），位置決めに不確定性がまったくない．また，シンチレーターの幅を狭くすることで，位置分解能を上げることができる．しかし，ニュートリノ検出器のように巨大な有感面積(体積)が必要なシステムでは，ほとんどの場合，アナログ方式が用いられる．これは，重さ数千〜数万トンにも及ぶ大量の液体シンチレーターや水を光学的に分割することが現実的ではないためである．

　一方，アナログ方式とデジタル方式のハイブリッドは，両方の利点を組合せる方式だ．デジタル方式では難しかった，シンチレーターの幅よりも良い位置決め精度を出せる方法である．ハイブリッド方式はデジタル方式と同様，シンチレーターが物理的に分割されているが，シンチレーターの断面が三角形であるところが違っている．図 4-7 を見てほしい．これはシンチレーター3 つを並べてその断面を横から見た図だ．

　この方式では，いかなるミュオンも，必ず，隣り合ったシンチレーターを通る(図 4-4)．ミュオンがシンチレーターを通過すると，シンチレーション光は両方の三角形で同時に発生する．ミュオンのシンチレーター内での経路長の違いで，生成されるフォトン数が異なることから，隣り合うシンチレーターで発生したフォトン数の比を測定することで，ストリップ内のどこをミュオンが通ったかがわかる．この位置決め技術をチャージシェアリング技術（電荷をシェアするという意）と呼んでいて，これまで数 mm の位置決め精度を得ることに成功している．

ミュオグラフィ観測における誤差

これまで述べてきたどのミュオントラッキング技術を使っても，無限に精度の良い位置決めはできない．これはある精度以上でミュオン飛来角度を決定できないことを意味している．ミュオン飛来角度をしっかり決められないと，ミュオンが通過してきた厚み(密度長)も正確に決められない．したがって，ミュオン経路を単一のもので代表させてしまうと，得られる(経路に沿った平均)密度値も実際のものとは異なってくる．このような透過経路長の過小(過大)評価による誤差を透過ミュオンフラックス推定誤差と呼ぶ．

透過ミュオンフラックス推定誤差を抑えるためには，ミュオン経路の長さとして，「平均経路長」を用いなければいけない．対象物体の理論的経路長 $X(\theta_n, \phi_n)$ を仰角(θ)，方位角(ϕ)の関数として離散的に求め，角度ステップ($\theta_{n+1} - \theta_n$, $\phi_{n+1} - \phi_n$)を検出器の角度分解能($\Delta\theta$, $\Delta\phi$)よりも充分に小さくしておけば，($\Delta\theta$, $\Delta\phi$)内に入るミュオンイベントの総数 N の推定精度は上がる．N と図 4-1 との比較から，平均密度長を求め，この平均密度長から仮定された均一密度で割った値から得られる「平均経路長」は，したがって検出器の角度分解能を考慮した「平均的な」ミュオンの経路長を表す．式 3-18 から平均カットオフエネルギー $\langle E_c \rangle$ と平均密度長 $\langle X \rangle$ は高エネルギー近似で，以下の関係にあることがわかる．

$$\langle X \rangle = 2.5 \times 10^3 \ln(1.5\langle E_c \rangle + 1) \times 10^{-6} \text{ TeV}/(\text{g/cm}^2) \tag{4-2}$$

対象物体の平均経路長の分布をデータ解析に用いることで，より正確な結果が得られる[11]．

バックグラウンドノイズ

ミュオグラフィ観測におけるバックグラウンドノイズ[12]は密度の非一様性

---

[11] ミュオグラフィ観測誤差を誘引する要因として，東西効果も挙げられる．鉛直方向のミュオンには，ほぼ東西効果がないことが Hansen らによって報告されている(Hansen et al., 2005)．東西効果とは 1 次宇宙線や 2 次宇宙線(大気ミュオン)が地球磁場の影響を受けて，方位角方向に異方性を有する現象である．しかし，水平方向のミュオンの場合，磁束密度の高い領域を長距離飛行することになる．この結果，10 GeV 程度のミュオンでも東西効果の影響を受ける．水平方向のミュオンを使ったミュオグラフィ観測を行う際には注意が必要だ．

がつくるミュオンフラックスの変化を見づらくしてしまうため，できるだけ落としたほうがよい．

　宇宙から地球の大気に飛び込む1次宇宙線はミュオン以外にも荷電粒子をたくさんつくるが，私たちが検出したいのはミュオンだけなのだ．つまり，ミュオンとそれ以外の荷電粒子を区別しなければならない．だが，そもそもミュオン（とニュートリノ）以外は数十m以上の岩盤を通過できないはずだ．対象物体を透過できる粒子はミュオンしかないのでは？　ところが，意外なことに，かなりの量の偽ミュオンが計測される．

　この偽ミュオンのせいで，密度が見かけ上低く求まる．たとえば，天頂角で70°の方向から密度2.0 g/cm^3，500 mの厚みの岩盤を透過してきたミュオンフラックスの本当の値は$I = 2.9 \times 10^{-6}$/(cm$^2 \cdot$sr$\cdot$s)である．しかし，これに10^{-6}/(cm$^2 \cdot$sr$\cdot$s)の偽ミュオンが加わると，解析で得られる密度は1.6 g/cm^{3}となってしまう！

　実際に得られる観測量はミュオンと偽ミュオンの和である．偽ミュオンの割合が無視できる程度に少なければ，観測に支障はないが，経路長が長くなり，透過ミュオンフラックスが減ってくると，偽ミュオンの効果が際立ってくる．

　偽ミュオンの主たる原因は，鉛直方向から飛来する荷電粒子がつくる偶発的同時イベントだ．この偽トラックの数は検出器の有効面積に比例するので，あとでデータから差し引くことができる．そうすることで，原理的にはミュオンだけを残すことが可能だ．しかし実際には偽ミュオンイベントにも統計的な揺らぎがあるので，偽ミュオンがあまりに多すぎると，見たい構造がこの揺らぎに埋もれてしまう．クリアなイメージを得るためには，偽ミュオンを除去できる検出器が必要だ．

　偽ミュオンを効率良く取り除くために，よく利用されるのがリダンダント（余計なという意味）カウンターだ．この方式では2枚の必要最低限な平板の間に，複数の平板型検出器を挿入する．仮に偶発的同時イベントがすべての

---

[12] ミュオン以外の余計な粒子はバックグラウンドノイズと呼ばれ，測定屋から嫌われる存在である．ミュオグラフィ測定の歴史はこのバックグラウンドノイズを取り除く歴史ともいえる．

面で検出されても，それらの検出点が一直線上に並ぶ可能性が低い．ミュオンがつくる直線的な飛跡だけを取り出すのだ．この方法では挿入するリダンダントカウンターの数が多いほど偽イベント数は着実に減少する．

　だが，これだけでは，偽ミュオンを100％取り除くことはできない．その原因の1つは電子の散乱である．ミュオンは物質通過中にほとんど曲がらないが，電子は結構曲がるのだ．仮に電子が対象物体を通り抜けられなくても，空気中で曲がり，あたかも対象の方向から飛んできたかのように振舞うのである．また，粒子の飛来方向に感度がない検出器は，対象を通り抜けてきたミュオンと，対象と逆方向から検出器に入ってきて散乱した荷電粒子と区別がつかない．ミュオン以外の荷電粒子は十分な厚みの鉛ブロックを使って止められる．

　荷電粒子の入射方向が対象方向からなのか，その逆方向からなのかを区別するためには，粒子の飛行時間，つまり time of flight（TOF）を測定する．まず，プラスチックシンチレーターを光が伝わる速度はミュオンが空気中を飛ぶ速度より遅い．そのため，片読み（シンチレーターの一端だけに光電子増倍管がついている）のシステムではミュオンの飛行方向を測定することは難しい．ミュオンがシンチレーターを通過した点が光電子増倍管から離れるに従い，ミュオン測定のタイミングが遅れるからだ．TOFを測定するには，シンチレーターのどこをミュオンが通ったかの情報が必要になるのだ．たとえば，前節で述べた，アナログ方式ではミュオンの飛跡を決定するために，まずプラスチックシンチレーター内のどこをミュオンが通ったかを計算するので，TOFが可能だ．また，デジタル方式でもシンチレーターのサイズが平板間の距離よりも十分小さいとき，TOFが可能となる．

　原子核乾板やガス検出器を用いたミュオグラフィに独特なバックグラウンドノイズは，岩石から放出されるベータ線である．特に火山地帯では，火山岩に含まれる放射性同位体（特にカリウム）の放射性壊変によりベータ線のフラックスが高い．これらのベータ線はある一定以上の厚みのプラスチックシンチレーター（$\gtrsim 1$ cm）は貫通できないが，写真乾板やガス検出器であれば簡単に貫通する．検出器に侵入してきたベータ線は長期間の測定でバックグラウンドとして記録され，見たい像のシグナル／ノイズ比を著しく損ねる．

原子核乾板を用いたミュオグラフィには，もう1つ気をつけなければいけない独特なバックグラウンドノイズがある．それは宇宙線ミュオンそのものである．宇宙線ミュオンは24時間絶え間なく降り注いでいる．したがって，フィルムは測定対象の場所に持っていく間にも絶え間なくミュオンの飛跡を記録し続けることになる．この飛跡も放っておけば，シグナル／ノイズ比を損ねることは明らかだ．この問題を解決するため，観測直前までフィルムを別々に持っていき，観測直前にフィルムを2枚重ね合わせ，2枚を一直線で貫通するイベントだけを観測開始後のイベントとして解釈する方法が一般的にとられる．逆に飛跡がつながらないものは持ち運び時に記録されたミュオンだと区別できる．

4.4　ミュオグラフィと他の構造探査手法との比較

重力測定

　重力は，ミュオグラフィと同じく，対象物体の積分密度を測定する手法だが，ミュオグラフィが，ほぼ水平方向の積分密度を与えるのに対して，重力は，ほぼ鉛直方向の積分密度を与えるところが相補的である．このような理由から，これまで，重力データとミュオグラフィとの比較が試みられてきた[13]．最近では，ミュオグラフィと重力測定を組合せる研究も進められている．今後の発展に期待したい．

比抵抗測定

　比抵抗測定は，地層を流れる電流の抵抗値を測定する方法だ．含まれる水の量，風化の程度，孔隙率などの地下の物性を推定するのに，1950年代から積極的に使われてきた．この手法を用いると，抵抗値の低い泥や水を検出することが可能になることから，熱水活動や断層などの存在を推定できる．ミュオグラフィと比抵抗測定法を比較する場合，密度と抵抗値を1点1点比

---

[13] たとえば，西インド諸島(La Soufrière)にある溶岩ドームの密度構造のモデルを得るために重力測定データとミュオグラフィ結果とが比較され，両者が調和的であったことが報告されている(Lesparre *et al.*, 2012)．

較することは難しい．しかしそれらは相補的であるともいえる．まったく違う物理量を比較することになるからだ．たとえば，熱水地帯において，低い密度と低い電気抵抗の組合せは，熱水流体が強い噴気作用を引き起こしている層や，熱水変質した物質の層を示しているかもしれない．あるいは，低い密度と高い電気抵抗は，流体が抜き去られた，空隙率の高い物体かもしれない．一般的には，地層内部の構造は非常に複雑なので，比抵抗値は地層構造の影響を大きく受ける．そのため，実際の比抵抗断面は，本当の抵抗分布からゆがんだ形で得られる．ミュオグラフィは，比抵抗測定から得られるモデルを制約するのに有用なのだ．

岩石コアサンプリング

　岩石コアサンプリングとは，掘削を行い，試料（岩石コア）を地下から取り出すことで，地層の物性を直接調べる方法である．掘削孔のことをボアホールとも呼ぶ．1本の掘削では情報は1次元的にしか得られないので，複数本掘ることで，周囲の地質学的見識を組合せて，3次元的な構造を推定する．ボアホールの本数が多ければ多いほど，その精度は向上するが，1本の掘削に多額の費用がかかることから，あまりたくさん掘れないのが現状だ．ミュオグラフィ，岩石コアサンプリングともに，直接密度を測定する手法であることから，今後，両者のコラボレーションが進むことを期待する．

●

　問題 4-1　$1/(\mathrm{month}\cdot\mathrm{deg}^2\cdot\mathrm{m}^2)$ および $1/(\mathrm{yr}\cdot\mathrm{deg}^2\cdot\mathrm{m}^2)$ は厚さ何 m の透過ミュオンフラックスに相当するか？

　問題 4-2　天頂角 $\theta \approx 75°$ で最大アクセプタンス $18.3\ \mathrm{cm}^2\ \mathrm{sr}$ をとる検出器システムを用いたとき，図4-1を用いて，測定における最大アクセプタンス時のミュオンフラックスを見積もってみよ．ここで，経路長として $L = 800$ m，平均密度 $2.0\ \mathrm{g/cm}^3$ を仮定する．また，密度を10%下げると，ミュオンフラックスはどれだけ変化するか？

　問題 4-3　高エネルギー電子を止めるブロックの素材として，鉛がなぜよいかを議論せよ．

5
素粒子で地球を観測する

　おどろくほど貫通力の高い素粒子をうまくあつめることで，地球のレントゲン写真が撮れそうな気がしてきた．最終章では素粒子による地球観測技術と高エネルギー地球科学の発展について最近の話題を含めて紹介していこう．

5.1　ミュオグラフィによる野外観測

　野外のミュオグラフィ観測では，検出器がどれだけ持ち運びやすいかとか，どれだけ使いやすいか，あるいは，どれだけ安定しているか，などといった素粒子物理学実験とは少し違った問題を解決することが，重要課題だ．野外の厳しい環境下では，たとえばノートパソコンを持参してデータを吸い出す作業ですら，ユーザにとってはあまり現実的でない．システム自体にモニターを装備する，ウェブサーバーを組み入れるなどの工夫が必要だ．まず，野外観測のさまざまなシーンにおけるミュオグラフィ検出器の問題点とその解決策を紹介したい．

屋外

　屋外観測では平板型のミュオグラフィ検出器が用いられること(図4-3)が多い．これは，検出器を格納するプレハブの形が直方体であることから，理にかなったデザインだといえる．また，温度/湿度依存性が少ないシンチレーション検出器の方が，扱いが容易だ．

　屋外の観測では，観測システムにソーラーパネルを組み込むことが可能だ．これにより，商用電源によらない独立したシステムが構築できる．ソーラー

パネルの最大出力とシステムの総電力消費量の比を安全因子と呼ぶが，安全因子は十分大きく取っておく必要がある．たとえば雨季には給電がまったく行われない期間が何日も続くことがあるからだ[1]．また，ソーラーパネルの上に雪が積もると，発電ができない．積雪地域ではソーラーパネルを十分高く設置し，大きな斜度をつけ，雪が落ちる仕組みが必要である．

洞窟内部

洞窟内部は気温変化が少ないことから，ガス検出器も選択肢に入る．自然洞窟では，洞窟の入り口自体，近づくことが難しく，商用電源が入り口まできていることはまずない．洞窟内部ではソーラーパネルは使えないので，バッテリーで駆動することになる．仮に 5 W の消費電力だと，標準的な 12 V，50 Ah（アンペアアワー）のバッテリーで 120 時間以上の連続運転が可能だ．

ガス検出器を使う場合，ガスタンクも必要だ．あらかじめ決められた割合で混ぜてつくった混合ガスは，圧力と流量をモニタリングしながら，洞窟の入り口から検出器に送り込むことになる．必要なガス流量は毎時 1.5 L から 5 L 程度なので，たとえば 10 L タンク（150 bar）を用いると数十日間の連続観測が行える．だが，観測期間がこれ以上長期にわたるとガスタンクの交換が必要だ．

洞窟内の測定で一番問題になるのは湿度である．ガス検出器には 1000 V を超える高電圧が印加される．しかし，多湿環境下では放電が起きやすい．この問題を回避するため，検出器を密閉容器の中に格納し，その容器内でガスを循環させる．容器が密閉されていることで，回路からの排熱も湿度を低下させることに寄与する[2]．

環境に左右されやすいガス検出器を使う際には，信頼性の高いデータを収集するために，周辺環境，つまり温度，湿度，気圧などのモニタリングおよび記録が常に必要である．ガス検出器は，周囲の気圧や気温にも，敏感なの

---

[1] 特に，多雨地域の気象条件では，ソーラーパネルによる連続した運転を行うためには，通常，安全因子を 20 としても足りないことがある．
[2] Barnaföldi らは，湿度 100％の洞窟内でも，この方法により密閉容器内の湿度は 30-50％に抑えられたと報告している（Barnaföldi *et al.*, 2012）．

で，これらをモニターしながら機器を自動調整するようなシステムも必要だ．

掘削孔内部

　掘削孔（ボーリング孔あるいは，ボアホール）を用いた観測では，孔の断面形状から，円筒型の検出器が用いられることが多い．孔内は，ある深さ以深は地下水で満たされていることが多いので，検出器は耐水性の容器に入れる必要がある．掘削孔という非常に狭い環境でミュオグラフィ観測を行うためには，シンチレーションファイバー等を利用した検出器のダウンサイジングが不可欠だ．一方，ボアホールの径が小さいほど，有感面積を確保するため，検出器は長くする必要がある．たとえば，10 cm径のボアホールでの観測では，検出器の長さは1 m以上ないと，実用的な観測は難しい．

　耐水容器の内部には，電子回路の排熱がこもりやすいため，熱センサーなどで温度モニタリングを行うとよい．また，掘削孔内部では，検出器の方向が地表からはわからないので，方位磁石を容器に入れ，検出器の方向を，磁北からのずれとして決定する．検出器を方位角方向に定期的に回転させれば，チャンネルごとの個性からくる系統誤差を抑えることができ，より精度の高い観測が可能だ．

イメージングの下準備

　ミュオグラフィ観測では，あらかじめ対象となる物体の幾何学的形状を検討しておくとよい．観測点を決める際に，地形による影響ができるだけ少ないところや，ミュオン透過経路ができるだけ短くなるような観測点を選択できるからだ．ミュオン透過経路を短くすることで，山体を透過できるミュオンのイベント数が増えて，統計的に有利になる．

　対象から検出器までの距離に応じて，ミュオグラフィシステムの構成も少し変える必要がある．対象を透過してくるミュオンはその多くが数GeV程度のエネルギーしか持たない[3]．検出器＝対象間の距離が近いうちは，相対論効果でミュオンはほとんど崩壊しない．だが，この距離が長くなってくると，ミュオンは飛行中に崩壊（in flight decay）し始める．ミュオン崩壊でできる陽電子（電子）がつくる電磁シャワーは，大気中でよく多重散乱する[4]ため

（放射長 $X_0 \sim 300$ m；62 ページ参照），方向に関する情報は失われてしまう[5]．このように誤った情報を持つ粒子はノイズ源となるので，取り除く必要がある．その方法としては，重量物（鉄や鉛ブロック）で吸収させるか，重量物で意図的に多重散乱させ，散乱した成分のみを取り除く方法が有効だ[6]．ただし，重量物の追加はシステム全体を重くするので注意が必要である．たとえば，1 m² の有感面積を 20 X_0 (12 cm) の鉛ブロックで遮蔽しようとすると，ブロックの重量は 1300 kg を超える．

5.2　ミュオグラフィによる火山のイメージング

　ミュオグラフィによる火山観測は浅部に限られるため，いわゆるマグマ溜まりなどの地下数十 km にある大規模構造をイメージングすることはできない．しかし，イメージングが火山浅部に限られても，噴火現象の理解に大きく貢献できる可能性がある．世界各国で進められてきた火山のミュオグラフィ観測の最新結果を紹介していきたい．

---

[3]　エネルギーゼロのミュオンではなく，～GeV ミュオンが最大値となる理由は，入射するミュオンエネルギーのスペクトルが広いこと，ミュオンエネルギーロスに不連続な成分があること，そして静止質量程度以下のエネルギーを持つミュオンはシステムに到達する前に崩壊してしまうこと，などによる．
[4]　電子は空気中を通る間に数も増やしてしまう．つまり 1 個のミュオンが崩壊して何個もの電子になってしまうのである．これでは何が何やらわからなくなってしまう．
[5]　崩壊によってできた電子は，ミュオンの軌道に沿って飛んでくるのだが，たちの悪いことに，山と検出器の間で曲がってしまい，検出器に入ったときに間違った方向に認識されてしまう．
[6]　思い切って発想を逆転させてみよう．電子は物質中を通るときに，曲がって，数を増やす．この迷惑な振舞いを逆手にとってミュオンと電子を区別するのだ．方法は以下の通り．まず，厚い鉄板や鉛の板を用意する．そこを電子が通ると，電子は曲がったり，数を増やしたりする．それらの電子は位置敏感な面内にある多数の正方形を通過する．一方，ミュオンは厚い鉄板や鉛の板を通っても曲がったり，数を増やしたりしないので，位置敏感な面内の，ある 1 つの正方形のみを通過する．つまり，位置敏感な面内にあるピクセルを通過した粒子の内で，複数のピクセルを同時に通過したものが電子で，1 つのピクセルしか通過しなかったものがミュオンなのだ．

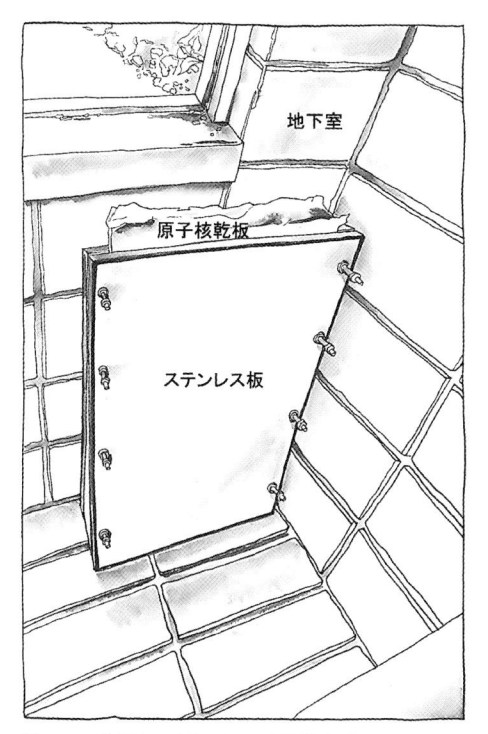

図 5-1 浅間山で用いた原子核乾板を用いたミュオグラフィシステム

マグマ流路の可視化

(1) 日本の例

　2006 年，東京大学，名古屋大学の学際共同チームが，原子核写真乾板を用いたミュオグラフィ観測(図 5-1)によって浅間山浅部構造を透視した(Tanaka et al., 2007a)．写真乾板を用いて行われた初めてのミュオグラフィ観測で，これまでにない空間分解能で浅間山山頂部の透視画像が得られた．この観測で火口底には固結したマグマが周囲よりも高密度の領域として見つかった(図 5-2 (a)上の矢印)．このマグマは 2004 年の噴火で噴出したものであることが，これまでの航空測量からわかっていた．

　これに加えて，火口底の下にマグマ流路の上端と考えられる低密度の領域がイメージングされた(図 5-2 (a)下の矢印)．得られた透視画像から 1 つ前

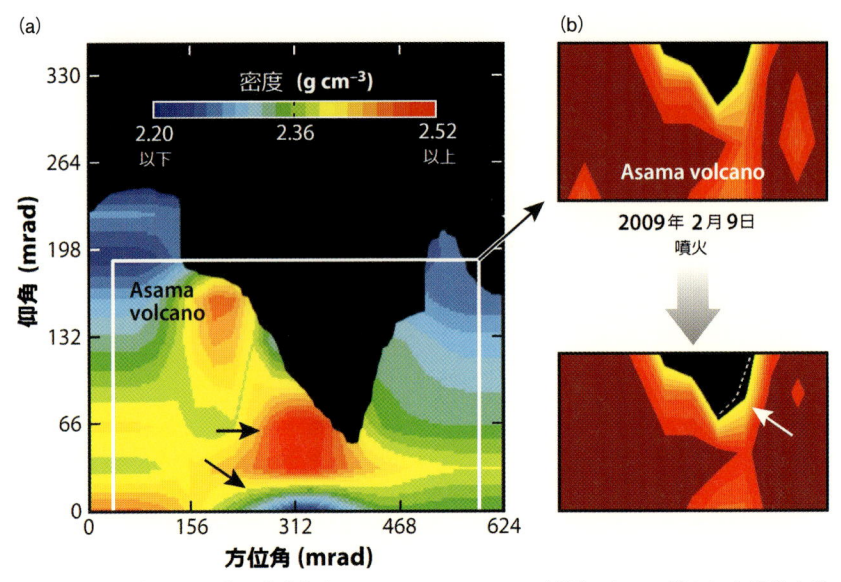

図 5-2 2006 年，原子核写真乾板を用いたミュオグラフィ観測によって得られた浅間山浅部構造の透視像(a)および，2009 年噴火前後の透視像(b)（Tanaka *et al*., 2007a, 2009aに基づく Tanaka, 2014）
　(b)の表示領域は(a)の白枠に相当する．

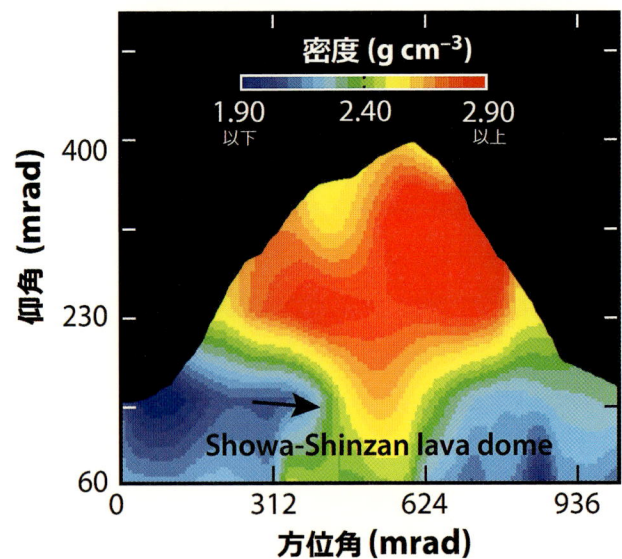

図 5-3 有珠山の溶岩ドームの 1 つとして知られる昭和新山の透視像（Tanaka *et al*., 2007bに基づく Tanaka, 2014）

図 5-4　分割されたシステムの運搬の様子(a)および，現地で組み立てられた様子(b)

図 5-5　浅間山観測点の概観

に起こった浅間山の噴火(2004年)を以下のように解釈できる．固結した溶岩によって塞がれていたマグマ流路が，マグマから分離したガスの圧力によって爆発，開かれ，それに伴い火山灰，火山礫などを大量に噴出する．その後，マグマが火道をのぼり，火口からマグマが噴出する．一定期間噴火活動を行った後，噴火後地表に出たマグマは外気で固結し，地下のマグマは火道へと吸い込まれ，結果として，火口底直下に空洞が残る．これが火口底の下に見つかった低密度領域なのだと推察される．この観測は噴火活動をしていない火山のいわゆる静的構造をとらえた物だが，後に，塞がれたマグマ流路

5.2　ミュオグラフィによる火山のイメージング

の上に溜まったマグマが，吹き飛んだ瞬間もとらえることができた(図5-2 (b))．これについては，後で紹介する．

　同じころ，東京大学，名古屋大学，北海道大学の学際共同チームが，北海道にある有珠山の溶岩ドームの1つとして有名な昭和新山の密度構造を，ミュオグラフィを使って測定していた(Tanaka et al., 2007b)．有珠山は札幌から西南70 kmに位置する活火山で，20世紀に4回も噴火活動を行っている(1910年，1944年，1977年，2000年)．1944年の噴火では昭和新山が何もなかったところにいきなり形成された．このことから昭和新山は溶岩ドーム形成メカニズムを理解する上で重要な火山とされている．この昭和新山をミュオグラフィイメージングすることで，溶岩ドームのマグマ流路は空洞ではなく，冷えて固まったマグマで満たされていることがわかった(図5-3矢印)．浅間山(ブルカノ火山)の場合と違い，地下のマグマは火道へと吸い込まれなかったのである．これはマグマの粘性の違いによるものと考えられる．浅間山の観測と合わせて，この観測は原子核乾板がミュオグラフィ観測に初めて用いられた例であると同時に，火山内部の透視画像を初めて撮影したもので，ミュオグラフィによる地球観測が世界に広まる大きな原動力となった．

　写真乾板を用いたミュオグラフィ観測の成功を機に，浅間山でシンチレーション検出器を用いた噴火モニタリングの計画が立ち上がった．

　だが，火山の頂上付近で電気を湯水のように使えるはずはない．噴火モニタリング実現のポイントは省電力化だ．FPGAチップ技術を応用し，消費電力を極力抑えた，データ収集装置を開発することで，ようやく2008年，浅間山の頂上付近にミュオグラフィ観測システムを設置するめどが立ったのだ[7]．

　だが，システム全体は重すぎて，観測点にまで上げるのには困難を極めた．検出器を細かく分割することで，観測点へ特殊自動車や複数の人力で搬入することが可能となったのである(図5-4 (a))．分割されたパーツを観測点で組み上げることで，有感面積 $1\ m^2$ のミュオグラフィシステムができあがる(図5-4 (b))．2008年10月，浅間山の噴火モニタリングを目的として，本システムが山頂からおよそ1.2 km東に離れた観測点(東側観測点)に設置さ

---

[7] 東京大学，高エネルギー加速器研究機構の共同チームによる．

れた．標高 2150 m にある東側観測点には，深さおよそ 2.5 m の地下室が建設され，ミュオン検出システムはその地下室に埋設された．外部には無線 LAN 送信用のアンテナが立てられ，ふもとの基地局との間でデータが送受信される（図5-5）．

　ミュオグラフィ連続観測中の 2009 年 2 月 2 日未明に浅間山で噴火が起こった．測定装置は噴火前後で止まることなく安定的に稼動した．噴火直前と直後の火口直下のイメージを比較したのが図 5-2 (b) である（Tanaka et al., 2009a）．図の右方向が北である．

　見やすくするために 2009 年 2 月の噴火前の火口の形状に合わせて点線を入れた．2004 年の噴火で火口底に溜まったマグマの北側部分が欠損していることがわかる．その結果，図 5-2 (b) では火口が大きくなっているように見える．これは噴火でマグマが吹き飛んだからに他ならない．この結果は，噴火で飛び出した噴出物（火山灰，火山弾）の岩石学的性質が，2004 年噴火時に火口底にたまったマグマと同一であることと調和的だ．

　一方，火口底の下に続くマグマ流路には変化が見られなかった．つまり，2009 年の噴火ではマグマが上昇した証拠は得られなかったのだ．浅間山のミュオグラフィ観測から 2009 年 2 月 2 日の噴火はマグマが火道を上昇して噴火したものではなく，より深い場所で帯水層と接触して発生した水蒸気が火口底に溜まった古いマグマを吹き飛ばした，いわゆる小規模な噴火であることが結論できる．実際，これ以降噴火が続くことはなかった．

(2) フランスの例

　ところで，マグマ流路の可視化は海外でも試みられている．TOMUVOL（TOmographie MUonique des VOLcans）は，2009 年に結成された素粒子物理学者と火山学者が参加する学際コラボレーションの名前だ．TOMUVOL の活動拠点は，フランスのクレルモンフェラン市である．なぜ，クレルモンフェランか？　それはピュイドドーム（Puy de Dôme；高度 1464 ma.s.l.）と呼ばれる有名な溶岩ドームがあるからだ．ピュイドドームは 1 万 1000 年前に活動を終えたフランス南部の中央に位置する火山だが，2 回の噴火がつくった双子の溶岩ドームであることが地質学的な調査から推定されている．その特

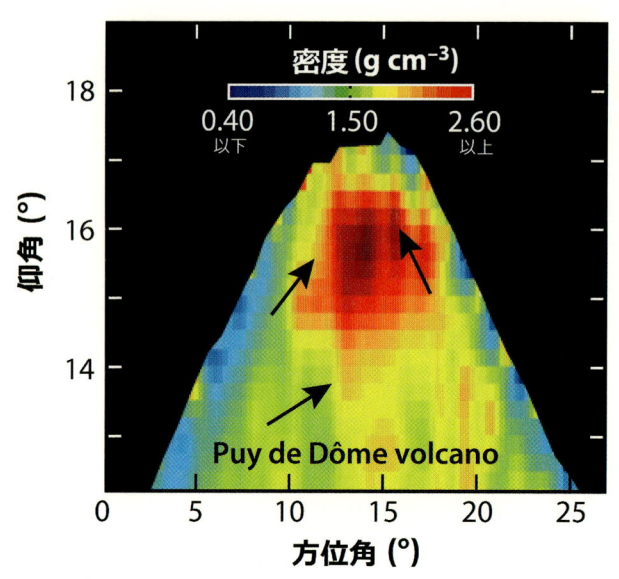

図 5-6　ピュイドドームのミュオグラフィ透視像(Hörandel, 2012に基づく Tanaka, 2014)
　　　　上2つの矢印は双子のドーム，下の矢印はマグマ流路を示唆する．

異な形状から地元の注目を集めている火山だ．

　ピュイドドームの観測を行うため，ミュオグラフィ観測システムは山体頂上から2 km離れたトンネル内部に設置された(Carloganu et al., 2012)．ガス検出器を用いるミュオグラフィ観測では，環境温度，環境放射線，両方の観点からトンネル内に検出器を設置することが必須だ．装置上部の厚さ60 cmのコンクリート層が電磁シャワーを遮蔽する．実験セットアップは，長距離WIFIネットワークを使って，すべてリモートモニタリングできるようになっている．環境データ(たとえば温度，湿度，気圧)の記録はガス検出器の運用には欠かせない．シンチレーション検出器にくらべて，取り扱いが面倒なガス検出器だが，ここでミュオグラフィ観測が成功すれば，大きな実績となる．

　観測で得られたミュオグラフィ(図5-6)から，頂上付近にピュイドドームに独特な密度構造を確認することができる．ドームの山腹は低密度，頂上直下は高密度である．この高密度構造は，1万1000年前につくられた溶岩ドームを表している．また密度が高い領域が左右2つに分かれていて(上の2

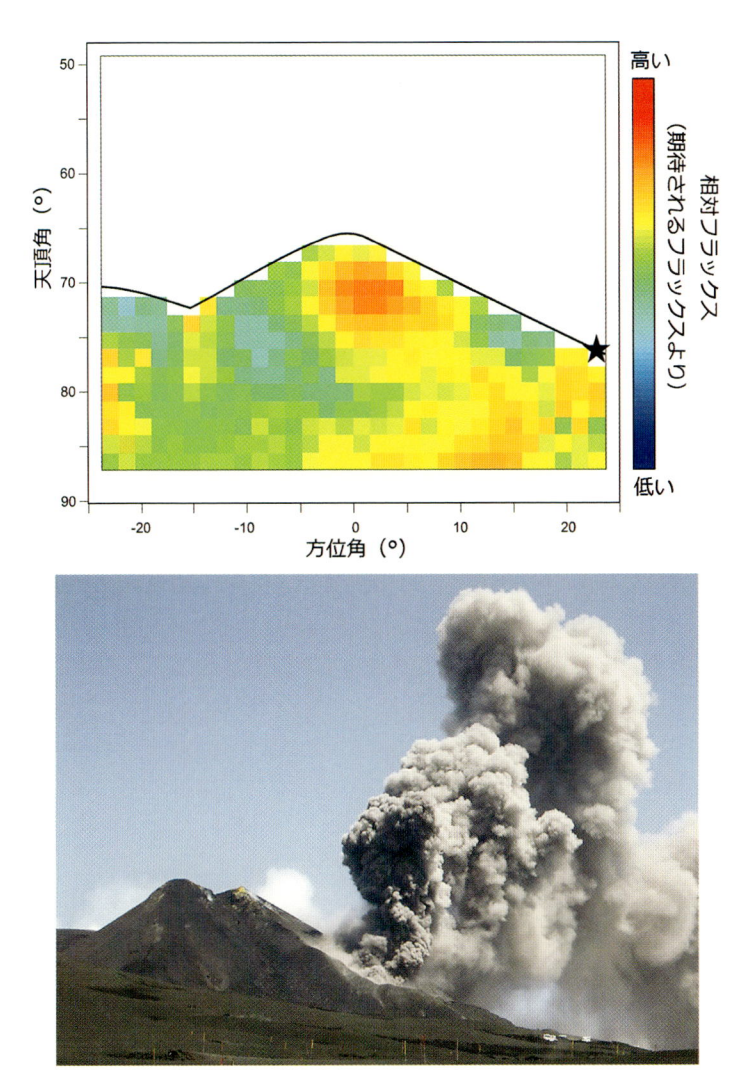

図5-7 (a) エトナ火山南東火口のミュオグラフィ画像(Carbone *et al.*, 2013). 星印は火口の位置を示す. (b)エトナ火山南東火口の概観写真.

つの矢印),これが双子の溶岩ドームを示している.はっきりとはしないが,その下に直線状に伸びる高密度領域は,昭和新山と同じようにマグマ流路が冷えて固まったマグマで満たされている様子を示しているのかもしれない(下の矢印).

5.2 ミュオグラフィによる火山のイメージング —— 135

(3) イタリアの例

　イタリア南部のシシリア島に位置するエトナ火山はヨーロッパ最大の活火山だ．そのサイズも大きく，標高 3350 m，底面の直径は 40 km にも及ぶ．頂上には 4 つも火口があり，それぞれヴォラギネ(Voragine)火口，ボッカ - ヌオヴァ(Bocca Nuova)火口，北東火口，南東火口と呼ばれている．だが，エトナ火山は特別に危険な火山とは考えられておらず，数千人がその斜面と麓に住んでいる．

　エトナ全体を透視するには，ミュオグラフィでは力不足だが，頂上付近に特化すればそれは可能だ．そこに注目したカルボーンらは 4 つの火口の内，南東火口のミュオグラフィ観測を行った(Carbone et al., 2013)．南東火口からは 2007 年から 2011 年の間に 18 回の噴火が観測されており，これら噴出したマグマが火口周辺に新たな円頂丘を形成している．図 5-7(a)は南東火口に形成された円頂丘のミュオグラフィ画像である．この図には透過ミュオンフラックスの予想値からのずれが示されている．つまり，このずれが正のところは低い密度，負のところは高い密度というわけだ．まず，最も目立つ円頂丘の中央部に位置する低密度領域は，マグマ流路の上端部で，空隙の多い礫で満たされていることを反映している．次に目を引く画像右側の低密度層は，円頂丘の南東斜面にできた割れ目と考えられている．このような割れ目周辺の岩石は強い力を受けて破砕されており，空隙が多い状況となっている．この割れ目がマグマ流路となって，図 5-7(b)に見られるような噴火を引き起こしているのだろう．地殻変動による火山の割れ目が低密度になることは，最近の有珠山のミュオグラフィ観測でも確認されている．

浅部マグマのダイナミクス

　マグマが地表近くまで上がってきていると，マグマから発生するガス(マグマ性ガス)が定常的に地表で観測されるようになる．そういう現象が観察できる火山があるのだろうか？　この現象は薩摩硫黄島[8]で見ることができる．薩摩硫黄島は大量のマグマ性ガスを放出しているのにもかかわらず，一

---

[8] 九州の南端から 50 km ほど南に離れている．

向にマグマを噴出しない．このメカニズムを説明するのに提唱されたのが，マグマ対流仮説だ(Stevenson and Blake, 1998)．マグマ流路を上ったマグマはグラスに注いだビールのように泡立つ(これをマグマの脱ガスと呼ぶ)．泡はそのうちなくなり，密度が高くなったマグマは地下深くのマグマ溜まりに戻っていく．こんなサイクルがずっと続き，結果として地下のマグマ溜まりと火口をつなぐマグマ流路内でマグマが定常的に対流する．これがマグマ対流仮説である．もしこの仮説が正しいとすれば，泡だらけのマグマを火山浅部に発見できるはずである．

2008年，東京大学，高エネルギー加速器研究機構，産業技術総合研究所のチームが薩摩硫黄島で行ったミュオグラフィ観測では，図5-8矢印にあるような，火山内部で高度に発泡したマグマをとらえることに成功した．マグマ流路を円柱と仮定すると，この発泡マグマの密度は水の密度に相当する．そこで，この発泡マグマは実は水ではないのかといった疑問が湧き上がる．ここで，この発泡マグマを検証してみよう．まず，噴気孔から900℃を超えるガスが噴出しているという事実がある．水の沸点は100℃である．液体の水があるとは考えにくい．次に岩石の組成を化学的に調べる研究から，脱ガスは地下数百mまでの浅いところ[9]で起こっていると推測されている．この深さはまさに，ミュオグラフィで検出した発泡マグマの位置と一致する．もともと密度2.7 g/cm^{3}程度のマグマが脱ガスを起こすことで泡立ち，平均密度が水相当まで下がった状況を可視化しているのだ．薩摩硫黄島の観測例は火山内部のマグマのダイナミクスをとらえた初めての例といえよう．

火山噴火予知には「いつ始まるのか」，「どこで起きるのか」，「どの程度の規模の噴火が起こるのか？」といった3つの予知が暗に含まれている．この中で「いつ始まるのか」については，火山性地震の測定や地殻変動のモニタリングによっておおよそわかるようになってきている．しかし，「どこで起きるのか」，「どの程度の規模の噴火が起こるのか？」，「どのような噴火様式になるのか？」，そして「いつまで続くのか」については現在でも予知が難しい．硫黄島での火山浅部マグマの発泡過程のイメージングは「どのような

---

[9] 薩摩硫黄島の場合0.5-3.0 MPaの圧力下で起こると計算されている．

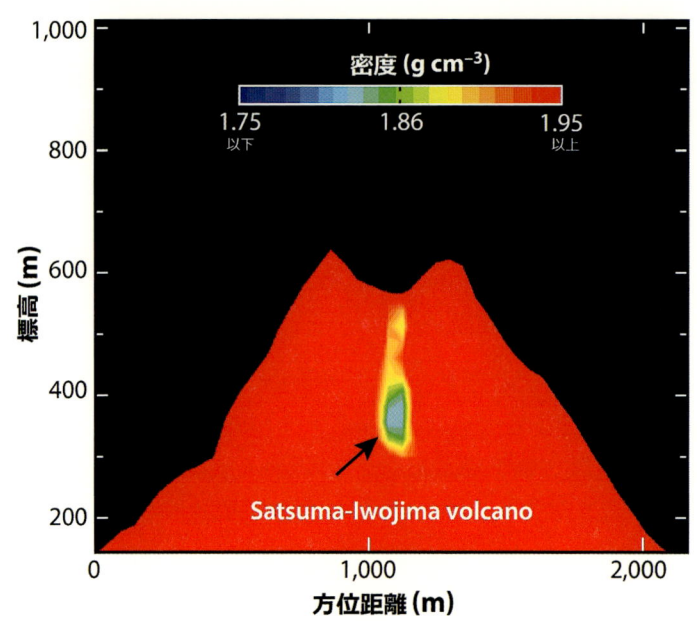

図 5-8　薩摩硫黄島のミュオグラフィ透視像（Tanaka *et al.*, 2009bに基づく Tanaka, 2014）

噴火様式になるのか？」について，2009年2月2日の浅間山のミュオグラフィ観測結果は「噴火がいつまで続くのか」について，予測ができるようになる可能性を示唆している．

熱水系の地下構造

　DIAPHANE は，ヨーロッパで初めてミュオグラフィによる火山観測を行ったプロジェクトチームの名前だ．フランスの地球科学と素粒子物理学コミュニティーによるミュオグラフィ促進を目的として，3つの研究機関（IPG Paris, IPN Lyon, Geosciences Rennes）のコラボレーションにより2008年に結成され，これまで西インド諸島にあるグアドループ島（Guadeloupe）のスフリエール火山（La Soufrière）でミュオグラフィ観測を行ってきた．スフリエール火山は，火山島弧に属する成層火山で，人口密集地帯に位置する活火山である．火山のモニタリングネットワークは，1950年代になってようやく整備されはじめたに過ぎないが，特に1976-77年に断続的に起こった噴火を

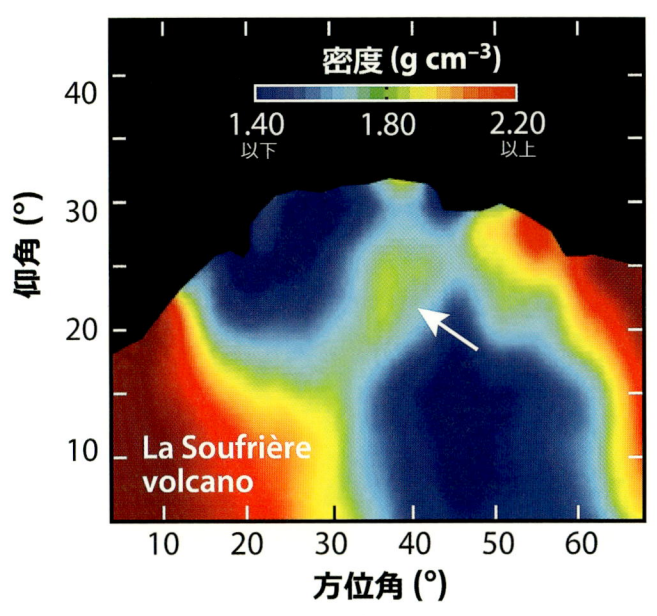

図 5-9　スフリエール火山のミュオグラフィ画像（Lesparre *et al.*, 2012に基づく Tanaka, 2014）

機に，ここ 20-30 年の間で急速に改善されてきたようだ．

　この地域の火山活動は，爆発フェーズを伴う溶岩ドーム噴火，火山灰を放出する水蒸気爆発，そして山体崩壊に代表される．特にミュオグラフィ観測が行われているスフリエール火山は，最近 300 年で 6 回水蒸気爆発を起こしたことが記録されている．最後の噴火（1976-77 年）は，地質学的によく調べられていて，マグマが地表から数 km 地下で止まったため，地下水の圧力を上昇させ，水蒸気爆発を引き起こしたものと考えられている．完新世[10]に起きたスフリエール火山の山体崩壊の記録を調べてみると，水蒸気爆発とマグマ性噴火のどちらも，山体崩壊に結びついていることがわかる．山体崩壊は巨大津波の引き金になるなど，大きな被害に結びつく現象だ．

　スフリエール火山では，浅発地震の増加や地下水温の上昇，火山ガス中の塩化水素濃度や硫化水素濃度の連続的な上昇がここ 20-30 年見られている．

---

[10]　約 1 万年前から現在までの地質時代．

しかし，これらの現象がすぐに火山噴火に結びつくとは考えられていない．だが，前もってスフリエール火山内部の密度分布（密度構造）を知っておくことは，今後起きるかもしれない山体崩壊を理解するために重要だろう．スフリエール火山の山体強度は，割れ目を広げる水蒸気爆発と，岩石の化学的構造を変化させる強酸性の熱水流体の影響で決まってくる．山体内部の密度分布の情報を高い空間分解能で直接与えるミュオグラフィは，山体崩壊の規模を予測する上で重要だ．

　スフリエール火山の観測では，ソーラーパネルを組み込んだミュオグラフィシステムが用いられた．ステレオ観測に用いられた南側と東側の2カ所の観測点は，どちらも火山観測所から直接見え，無線LANを使って機器のモニタリングを行える．

　スフリエール火山の観測では，山体内部の密度分布に大きなばらつき(1.1-1.9 g/cm^3) が見られた（図5-9）．これは熱水地帯特有の構造だ．このような密度の大きなばらつきは山体中に形成された多数の「穴」によるものと考えられている．観測された低密度領域は，巨大なスパランザーニ（Spallanzani）洞窟など，火山性洞窟が多数あることで知られるドームの北半分に位置している．大小多数のトンネル状の空間が山体の平均密度を下げているのだ．

　火山内部の比較的高密度な領域（図5-9矢印）は，熱水領域と熱水領域の間に形成されている蓋（高密度の岩石層）の可能性がある．これは，下部から上がってくる地熱のエネルギーフラックスが増えたとき，高圧になる部分と解釈されている．浅間山で見た，塞がれていたマグマ流路がガスの圧力によって爆発，開かれる，といった構造とよく似ている．将来，この蓋が吹き飛ばされたとき，その衝撃で青い低密度の部分（熱水流体で侵食された脆弱な部分）が真っ先に破壊されるかもしれない．

　このように宇宙線ミュオンによる火山内部の視覚化は，火山噴火予知の中でも，従来の技術では難しいとされてきた部分に対して情報を与えてくれる．今後，より多くの火山噴火事例にミュオグラフィ測定を適用することによって詳細なデータベースを構築して，測定の信頼性を上げていく必要があると思われる．ミュオグラフィによる火山内部のイメージングは浅部構造に限ら

れるが,この技術をより発展させることによって,火山噴火における「予測」の科学に役立っていくものと期待している.

5.3 未発見の洞窟探査

すでに発見されている洞窟周囲には未発見の洞窟が隠れている場合が多い.その多くは入口が崩れたり,最初から地表につながっていなかったりで,何百年から何万年もの間,外敵の侵入をふせいできた.たとえば,フランスのラスコー洞窟やスペインのアルタミラ洞窟には旧石器時代の洞窟壁画が残されているが,その周囲に,未発見の洞窟があるかもしれない.また,カルスト地形の下には数千年〜数万年にわたって,外界から閉じた自然洞窟があることが知られている.このような洞窟の内部では独自の生態系が存在している可能性がある.図5-10に示すように,すでに発見されている洞窟周辺に存在するかもしれない閉じた自然洞窟の探査には,ミュオグラフィが適している.以下ではミュオグラフィによる洞窟探査事例を紹介していきたい.

カルスト地形は分厚い石灰岩層の上に形成される.石灰岩の主成分である炭酸カルシウムが地下水にわずかに含まれる炭酸に溶けこんでいく影響で,この石灰岩層は少しずつ侵食されていく.特に地層の割れ目で侵食がよく進むので,割れ目上部にはドリーネ(すり鉢上のくぼ地),そして地下には鍾乳洞が発達していく.こうしてできる鍾乳洞は,メインとなる主洞窟の周囲に多数の小洞窟が広がる複雑な構造をしていると考えられている.たとえば,イタリアにあるグロッタギガンテ(Grotta Gigante)は典型的な主洞窟である.洞窟を進んでいき,地下115 mの地点に達すると,突然巨大な空間($105\ m^3$)が現れる.1995年の夏,ここで,ミュオグラフィ観測が行われた(Caffau et al., 1997).

グロッタギガンテ洞窟で使用された検出器はガス検出器で,有感面積が$1 \times 1\ m^2$の平板型システムだ.検出器用のガスタンクは洞窟の外に設置され,長いホースを使ってガスが検出器へと送られた.ホースはもう1本あり,ガスによる洞窟内の汚染を防ぐため,ガスを洞窟外に排出するのに用いられた.この観測では,洞窟内部の地形図があまり正確ではなかったため,正確なミ

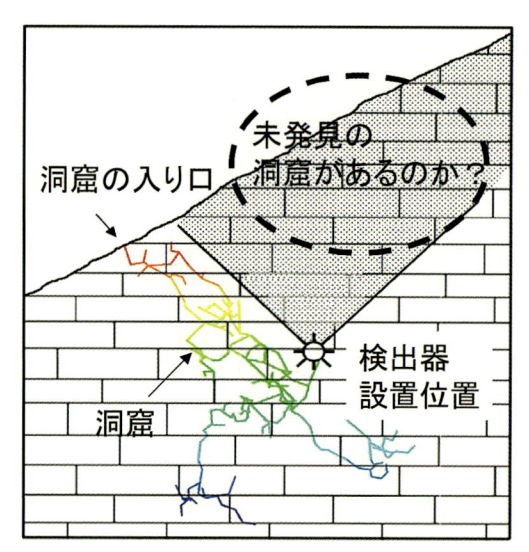

図 5-10 ミュオグラフィによる洞窟探査例(Oláh *et al.*, 2012)
色の違いは洞窟の深さの違いを表す．影の部分は検出器の視野角を表す．

ュオグラフィを行えなかったが，ドリーネ底部の赤土の堆積層の効果をとらえることができたことが特筆すべき点だ．赤土は通常，石灰岩よりずっと低い密度を持っているため（1.3 - 1.4 g/cm^3），この効果をとらえるのは容易である．

イタリアグループの先駆的実験をきっかけとして，2012 年ハンガリーのグループがミュオグラフィによる洞窟探査に再チャレンジした(Barnaföldi *et al.*, 2012)．ハンガリーのグループが使用したのも，やはりガス検出器だ．彼らの検出器は角度分解能が高いため，未知の洞窟や小部屋を探し当てることができるはずだった．

ハンガリーにあるアジャンデック(Ajándék)洞窟は，三畳紀[11]の石灰岩でできた山体に多数存在する鍾乳洞の主洞窟と考えられている．アジャンデック洞窟は 1998 年に探検家カルストによって発見された一連の洞窟群のうち最も上部に位置する洞窟で，洞長は 1000 m もある．アジャンデック洞窟以

---

[11] 現在から約 2 億 5100 万年前に始まり，約 1 億 9960 万年前まで続く地質時代．恐竜が繁栄するジュラ紀の 1 つ前の地質時代である．

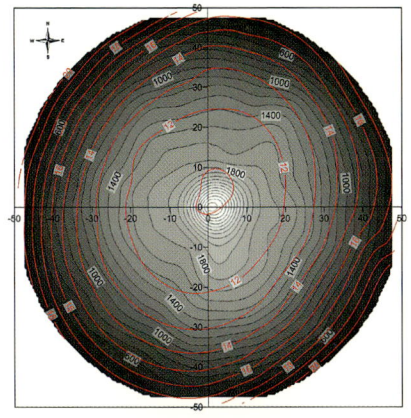

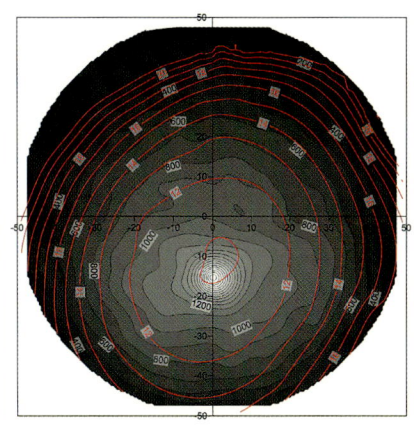

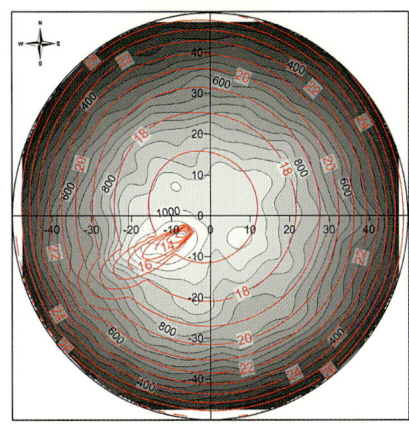

図 5-11 リガード(REGARD)のテスト結果
(Oláh *et al.*, 2013)

トンネル内のさまざまな場所でミュオグラフィ撮影された．(a)鉛直吹き抜け孔の真下で位置敏感な面を真上に向けた場合，(b)鉛直吹き抜け孔の真下で位置敏感な面を真上から15度傾けた場合，(c)鉛直吹き抜け孔から2 mずらして，位置敏感な面を真上に向けた場合．赤字は検出器上部の厚み分布，黒字はミュオンカウント数をそれぞれ表す．

外にも確認されている洞窟は網の目構造をなしていて，全部足し合わせると，1万5000 mになると試算されている．彼らのミュオグラフィの目的はアジャンデック洞窟周囲に隠された洞窟があるかどうかを探ることだ．

ハンガリーグループのシステムは検出器の上部60 mの位置に直径4 mの洞窟があれば，十分な精度でこれを検出することができるスペックを持っている．図5-11はブダペスト市内の地下トンネルを使って，リガード(REGARD)と呼ばれる彼らの検出器の位置分解能をテストした結果である．直径1 m，長さ10-20 mの鉛直吹き抜け孔に，位置敏感な面を向けて，さまざまな条件でミュオグラフィ撮影を行った．図5-11から，リガードが高い位置分解能を持っていることがわかる．

イタリアグループと異なり，ハンガリーグループの観測では，洞窟上部の地形図は GPS[12] データを用いてつくられた．等高線の不確定性はわずか ±0.8 m である．検出器は急傾斜の洞内を手で運ぶ必要があったため，入り口からわずか 70 m ほど下ったところで，すでに検出器の搬入には困難を極めた．ガスと電力供給用のバッテリーについてはイタリアグループの方法を踏襲した．

　GPS から得られた地表の地形情報から洞窟内部の地形の効果を考慮して，岩石の厚み分布をプロットしてみると，最も薄いところで 50-60 m，もっとも厚いところでは 130-140 m あることがわかった．この厚み情報に均一密度を仮定して計算できる透過ミュオンフラックスは，観測で得られたミュオンフラックスとぴたりと一致した．つまり，彼らの努力もむなしく，新たな空洞を発見することはできなかったのである．

　このように，ミュオグラフィ観測によって発見された洞窟は，残念ながら今のところない．しかし，洞窟周囲の鉱床をイメージングすることに成功した例が最近報告された．本節の終わりにこの観測結果について紹介したい．

　洞窟内のミュオグラフィは未発見の洞窟探査だけに使われているわけではない．未発見の鉱床探査にも使えるはずだ．ミュオグラフィによる鉱床探査が行われた洞窟は，カナダのプライス(Price)鉱山内部の坑道である．この鉱山が選ばれた理由としては，現在採掘活動を行っていないこと，比較的浅く，鉱床の下に水平孔が掘られていること，水平孔には物資運搬用のレールや商用電源が整備されていることなどが挙げられている．ミュオグラフィの鉱床探査能力のテストを行うには格好の観測環境だ．

　坑道上部には一様な密度約 2.7 g/cm^3 の岩盤中に平均密度約 3.2 g/cm^3 の鉱床があることが，ボーリング調査の結果から見積もられている．この鉱床のイメージングを目指して，カナダグループが 2011 年ミュオグラフィ観測を開始した(Liu *et al.*, 2012)．彼らがが使用したのはシンチレーション検出器だ．ボーリング調査から推定された鉱床の規模は 14.5 キロトンである．さて観測結果はというと，ミュオグラフィ観測から計算された鉱床の規模は 12.3

---

[12] 全地球測位システムと日本語訳される．人工衛星を用いた測位システムで地表において高精度な位置決めができる．

キロトンであった．鉱床の広がりもボーリング調査，ミュオグラフィ調査ともに水平方向に 3-5 km の範囲で広がっていると推定され，両者の数字は 20-30 m の精度で一致している．

5.4　断層破砕帯の調査

　地震などで地下の岩盤に大きな力が加わって割れた面がずれ動くことでつくられる断層には，断層破砕帯と呼ばれる地質構造が見られることが多い．断層破砕帯では断層面周辺の岩盤が破砕されることで，岩石の破片の間の隙間が多い状態となっている．この隙間には大量の水が含まれ，地下水の通り道となっていることが多い．そのため，断層破砕帯はトンネル工事で大量出水事故の原因となる地質構造としても有名だ．また，大雨時には破砕帯中を流れる水量が大幅に増え，地すべりを引き起こすこともある．こんな厄介な存在の断層破砕帯だが，今のところ，地表に顔を出している断層から外挿するか，ボーリング調査で直接サンプルを取り出すか以外にこれを調べる方法はない．

　ミュオグラフィの欠点は検出器位置より下部の情報を得ることができないことだが，地形の起伏を使えば，可能性はある．窪地に検出器を置けば，眼上に断層破砕帯をのぞむことができるからだ．実時間モニタリングができるミュオグラフィは，断層破砕帯の研究にとってこれまでにないまったく新しい情報をもたらしてくれるかもしれない．

　糸魚川静岡構造線(ISTL; Itoigawa-Shizuoka Tectonic Line)は，新潟県糸魚川市から諏訪湖を通って静岡県静岡市に伸びる大断層線である．ISTL の北部と中央部は活断層領域であると考えられている(たとえば Okumura et al., 1994)．UNESCO 世界ジオパークに認定されている糸魚川市のフォッサマグナパーク内では，ISTL の断層露頭(地表にむき出しになっている断層)を確認できる(図 5-12 上)．西側の古生代の変はんれい岩と東側(フォッサマグナ側)の新生代中新世中期の安山岩が，断層破砕帯を境に接している．これまでの地質学的調査で，断層破砕帯の右側は 1600 万年前の安山岩で，左側の変はんれい岩は 2 億 6000 万年よりも古いものであることがわかっている．また，

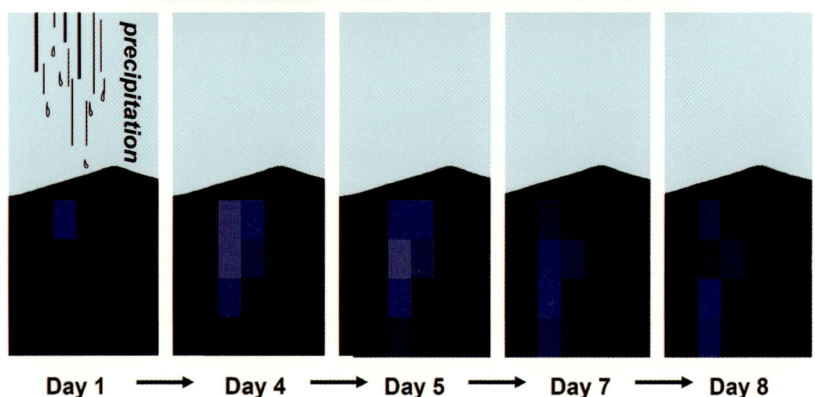

図 5-12　フォッサマグナパークの断層破砕帯中を雨水が流れる様子をとらえたミュオグラフィ像(Tanaka *et al.*, 2011)

この断層は少なくとも 4 回の地震を経験したこともわかっている.
　フォッサマグナパークの断層露頭はミュオグラフィ観測に適している. それは, 断層が丘陵地帯の南斜面に位置しているため, 断層より低い位置に検出器を設置することが可能だからだ. この断層に対して, 2010 年, 東京大学と糸魚川ジオパーク推進室の共同研究チームがミュオグラフィ観測を行った(Tanaka *et al.*, 2011). 設置された平板型システムの有感面積は $0.4\,\mathrm{m}^2$ で断層露頭からの距離は 6 m である.
　観測の結果, 断層破砕帯の密度は周囲より 20% 程度低いことがわかった. ここを水はどのように流れるのだろう？　大雨直後の透過ミュオンフラックスの日変化を見ると, それがわかる. それは岩石の隙間に雨水がとらえられると, 密度が上昇するはずだからだ. 断層上部は谷地形となっていて, 効率

よく雨水を集め，破砕帯の密度を有意に上昇させることが期待できる．

図5-12から大雨と透視画像との間に時系列的な応答があることがはっきりとわかる．大雨直後にはいったん破砕帯の密度が上昇するが，その後，岩石の隙間にたまった雨水が徐々に抜けていき，平均密度が低下していく様子が見て取れる．まさに水が地下に向かってしみこんでいく様子がイメージングされているのだ．この観測結果は，ミュオグラフィが断層破砕帯を流れる流体解析にも利用できる可能性があることを示している．

断層破砕帯は地震だけでつくられるわけではない．基盤岩の上をすべる上盤が引き起こす，いわゆる地すべりも，破砕帯をつくる現象の1つである．断層面（岩盤のすべり面）に水が浸入すると，摩擦が低下して，すべりが誘発されることが知られている．特に，大雨が降ると，破砕帯を流れる水量が増加して，断層面を濡らすことがある．これが大雨と地すべりの因果関係である．逆にいうと，地すべりを防ぐためには，断層面を濡らさないようにすればよい．そのため，特に地すべりを防ぐ必要性が高い地域では水抜きトンネルを掘って，破砕帯から効果的に水を抜き取るような工夫がされる．しかし，突発的な大雨では断層破砕帯を流れる水が断層面に到達することがある．そこで，断層破砕帯を流れる流体のモニタリングは重要な意味を持ってくるのだ．

フォッサマグナパークでのミュオグラフィ観測の成功を機に，静岡県浜松市内で地すべり地帯の実時間ミュオグラフィへの応用が始まった(Tanaka and Sannomiya, 2013)．検出器を水抜きトンネル内部に設置し，その上部に位置する断層破砕帯中を流れる水をモニタリングしようというのだ．大雨によって，破砕帯内部で水位があがると，破砕帯の密度が上昇し，透過ミュオンフラックスは減少する．その後，岩石の隙間にたまった雨水が徐々に抜けていき，平均密度が低下していくので，透過ミュオンフラックスは上昇する．原理はフォッサマグナパークのときと同じだ．

5.5　古代遺跡の調査

ミュオグラフィは古代遺跡の調査に用いられたこともある．ご存知，ル

イ・アルバレがその第一人者である．残念ながらピラミッド内部に何も発見できなかったミュオグラフィを，古代遺跡の調査に応用しようと考える科学者は，その後しばらくは出てこなかった．だが，2007 年，イタリアのグループが古代ローマの遺跡 2 カ所でミュオグラフィ観測を行うことを提案したのだ（Menichelli et al., 2007）．最初のターゲットは，ウディネ（Udine）にあるアクイレイア（Aquileia）遺跡である．アクイレイアはローマ帝国によって紀元前 180-181 年に植民地としてつくられた都市として知られている．

　ミュオグラフィデータの収集はアクイレイア遺跡に掘られている縦穴の中，深さ 7 m の地点で行われた．宇宙線の検出頻度は地表レベルでは 1 秒間に 10 発程度だが，深さ 7 m になると，8 発/秒程度に減る．図 5-13 はアクイレイア遺跡のミュオグラフィ透視像である．青が低密度，オレンジになるに従い，高密度になっていく．中央の円（緑色）は検出器の位置だ．透視図は遺跡発掘調査の図面に重ね合わせてある．

　中央，縦方向に走る高密度領域はアクイレイアの古代の道路（図 5-13 ⑤），左下に現れている高密度領域は建造物があった場所（図 5-13 ①），道路の右の部分には 5 本の柱（図 5-13 ③）がそれぞれ透視像に現れている．解析方法をもう少し工夫すれば，直感的にもう少しわかりやすい図になる．古代遺跡のミュオグラフィ調査はまだまだ発展途上だが，遺跡調査にミュオグラフィが使えることを示す貴重なデータだ．

　イタリア，ギリシャ，日本，インドネシアなど世界の地震国には，多くの歴史的建造物が残されている．日本では，法隆寺の五重塔などに代表されるように，木造建築が主だ．ところが，実は木造建造物は世界的にはまれで，ギリシャのパルテノン神殿，エジプトのピラミッド，インドネシアのボルブドゥールなどはすべて組石造建築物である．木造建造物は分解，再組み立てが比較的容易なのに対して，組積造建築物はいったん建造すると，分解が難しく，施工図面が残っていないと，内部構造を知ることは容易でない．第一級の地震国において，貴重な文化財の耐震性能評価は喫緊の課題である．しかし，内部構造が良くわかっていない建築物の耐震評価は難しい．巨大構造物の内部構造を高い空間分解能で可視化できるミュオグラフィは地震国における歴史的建造物の耐震評価にも応用可能だ．

5.6 ミュオグラフィの惑星科学への応用

　宇宙線ミュオンは，地球上あらゆるところに普遍的に降ってくる自然の高エネルギー素粒子である．ゆえに，これを利用したミュオグラフィ観測は，地球上どこでも実行可能だ．だが，地球の外となると話はどうなるのだろうか？　ミュオンは，地球の大気中で2次宇宙線として生成される．もし惑星に大気があれば同様にミュオンが生成されるだろう．

火星のミュオグラフィ

　ミュオグラフィは，火星表面の進化と歴史，気候，生物活動の可能性，火山活動などに対する問いに答えてくれる可能性を秘めている．ミュオグラフィによる火星探査は，以下の観点から，きわめて魅力的だ．

(1) 宇宙線は大気のある惑星ならどこでもミュオンを2次宇宙線として生成する．

(2) 高エネルギーミュオンは，キロメートル厚に及ぶ岩盤を貫通することができる．

(3) 検出システムは，プローブを発生させる必要がなく，飛んでくるミュオンを受けるだけでよい．そのため，アクティブな探査機器とくらべて，システムの規模と消費電力を抑えることができる．

(4) 火星にミュオグラフィが応用できれば，火星以外の惑星内部も高分解能でイメージングできる新技術として，惑星の進化と歴史に関して新たな情報をもたらす可能性がある．

　では，火星表面にどれくらいのミュオンが降り注いでいるのだろうか？　この数字を見積もってみると，水平方向のミュオンを使えば，火星でミュオグラフィが可能かもしれないという結論にたどりつく．しかし，よく考えてみよう．火星の大気では，2次宇宙線の生成過程は地球のそれとはまるで異なる．火星表面でのミュオグラフィを実現させるためには，火星大気に特化したミュオンフラックスの計算が必要である．

　1次宇宙線が大気と相互作用する確率は大気の厚さによるが，火星表面の気圧は地球のわずか1/100にすぎない．これは，地表に対して鉛直に入射す

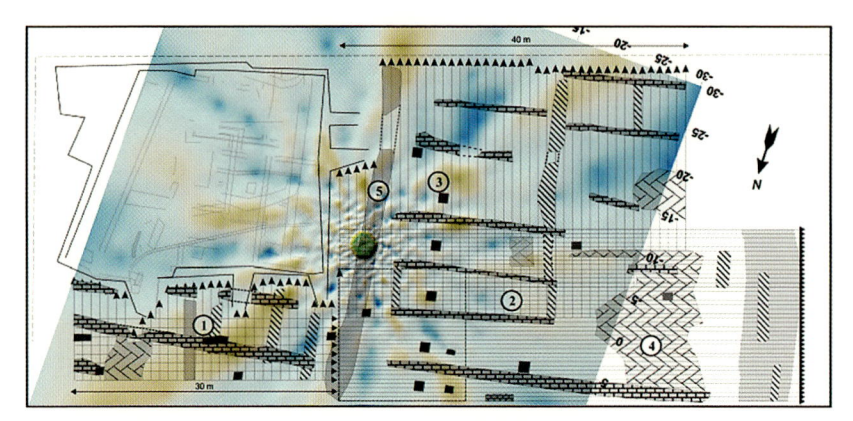

図 5-13 アクイレイア遺跡のミュオグラフィ透視像(Menichelli *et al.*, 2007)
右方，情報の数字(上下逆転)はメートル．① 東西に延びる構造の示唆，② 南北に延びる構造の示唆，③ 柱，④ 解釈が困難な大きな構造の複合体，⑤ 道．

る1次宇宙線は大気とほとんど相互作用をせずに直接，火星表面に到達することを意味している．つまり，ミュオンフラックスが，地球とくらべて圧倒的に低い．しかし，地表から水平方向に積分した火星大気の厚さ[13]は，100 hPa 程度もある．これは，1次宇宙線が相互作用するには十分な厚さだ．そのため，火星では鉛直ミュオンフラックスよりも水平ミュオンフラックスの方が高くなるのだ．

だが，地球と異なり，火星表面には多くの1次宇宙線が到達する[14]．火星表面ではミュオン以外のバックグラウンドノイズが圧倒的に高いのだ．それにもかかわらず，ミュオグラフィが火星の表層探査に適していると考えられているのは，(人工的ではない)天然のプローブを用いるため，消費電力をきわめて低いレベルに抑えることができるからだ[15]．

理想的には，ミュオグラフィ検出器の消費電力は，2-3 ワットに抑えられると考えられている．冬季の火星でも連続して観測が行える電力消費量だ[16]．

---

[13] 問題 3-4 の θ を ~ 0 と置くことで得られる．
[14] 地球高層大気の観測により，火星の表面気圧に相当する深さ 7 hPa の高層では，ミュオンのフラックスに比べて，陽子のフラックスが 200 倍も高いことがわかっている．
[15] Mars Science Multi-Mission Laboratory Radioisotope Thermoelectric Generator (RTG) と呼ばれる火星探査用の原子力電池が生成できる 110 ワットの電力を取り合う惑星探査ミッションでは，消費電力が小さいことは大変重要である．

図 5-14 火星探査用ミュオグラフィシステムの概念図（Kedar *et al.*, 2013）

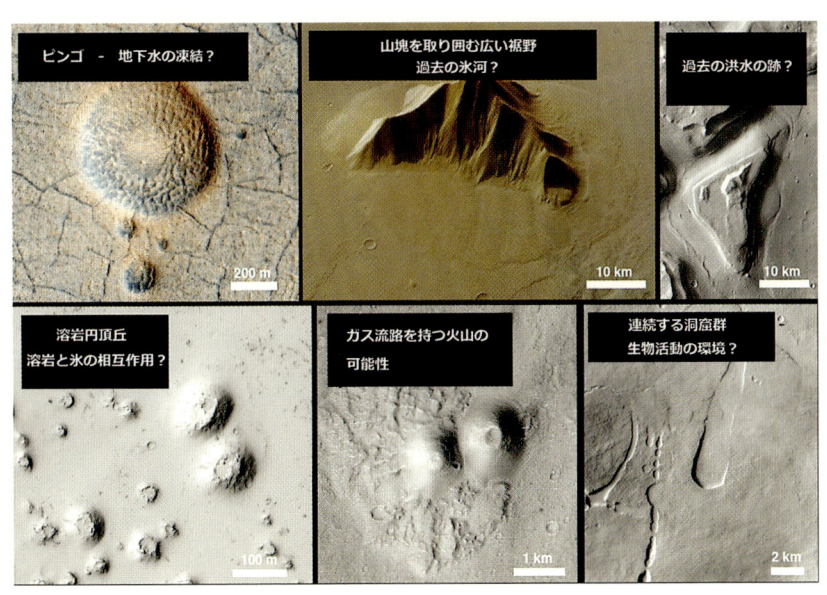

図 5-15 火星のミュオグラフィ観測で明らかにされるべき 6 つのターゲット（Kedar *et al.*, 2013）

---

16 冬季には，検出器を温めるヒーターに電力を使うので，測定装置へ供給できる電気量が減ってしまう．

また，ミュオグラフィデータは，その場で処理すれば，ファイルサイズも数百バイト以下と大変小さく，地球に送信することもたやすい．

　つまり，ミュオグラフィ検出器には，動力も必要なければ，高いコンピュータ処理能力も不要なのだ．そのため，ミッションオペレーション，ミッションコマンド，ミッションコントロールすべてに対する影響が小さい[17]．火星探査用のローバー(図5-14)の軌跡に沿って，常にミュオグラフィデータを収集することが可能である．

　火星のミュオグラフィ観測で明らかにできる6つのターゲットを写真に示す(図5-15)．まず，地下水の圧力により生成されたと考えられている特異な地形(ピンゴ pingo と呼ばれる)や火星中緯度にある ice-mass (lobate debris aprons)と呼ばれている正体不明な物体がターゲットとしてあげられる．ice-mass の正体は地中レーダー[18]によって探査され，昔の氷河の残骸と推測されているが(Plaut et al., 2009; Holt et al., 2008)，実のところはあまりよくわかっていない．また，いわゆる "chaos" と呼ばれる地域では，過去，大量の洪水が発生したと考えられていて，ここに帯水層が残っているかもしれないと考えられている．これもミュオグラフィ観測が可能なターゲットである．

　火星の火山も重要なターゲットだ．地球の火山と何が違うのか？といった素朴な疑問から，火山活動に伴う温泉(液体の水)の可能性まで，火星の火山に関する興味は尽きない．特に，Elysium Planitia 地域で最近，溶岩流の上に発見された，小さな火山群がミュオグラフィの格好のターゲットだ．この溶岩流は最近の噴火によるものと考えられていて(Lanagan et al., 2001)，熱水活動，マグマのダイナミクス等がミュオグラフィでイメージングできるだろう．この地域に多数存在する円錐状の丘は，溶岩と地表の氷が相互作用してでき

---

[17] 対象が大きくなると，数週間にわたる測定が必要となり，ミッションオペレーションに対する影響が小さいとはいえなくなる．この場合，測定方法を戦略的に考える必要があるが，小さなターゲットでそれほど高い空間分解能を必要としない場合には，ローバーのオペレーションにおける優先ミッションを阻害することなく，ミュオグラフィ測定を行うことが可能だ．ターゲットの選択にも多くの自由度が出てくる．

[18] 電磁波を地下に向けて発射し，その反射波の走時を測定することによって，地中の様子を探査する方法．特に地下電磁気的な界面を調べるのに利用されるが，水の含有やその他物性の違いに結果が大きく左右されること，電磁波の経路が同定できないことから利用できる範囲は限られる．

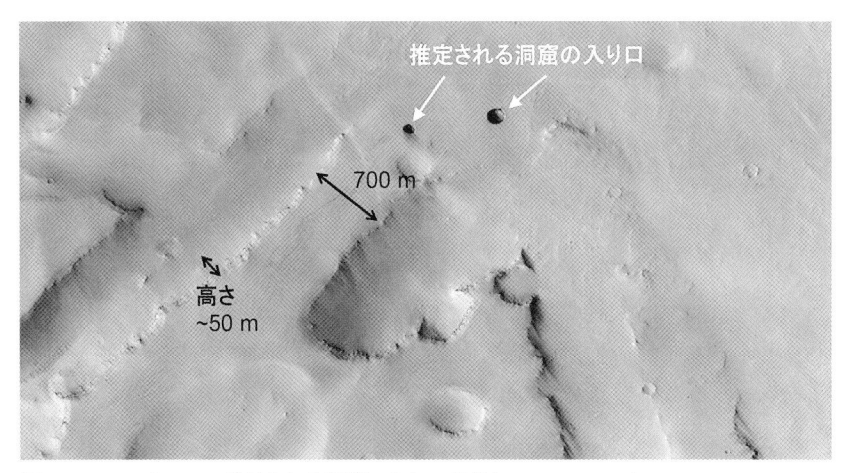

図 5-16 Arsia Mons で発見された洞窟の入り口候補 (Kedar *et al.*, 2013)

たものと考えられている．だとすれば，一時期，氷が解けて液体の水が存在していたことになる．ひょっとすると今でも地熱の作用で液体の水が火山内部のどこかに残っているかもしれない．

　ミュオグラフィによる火星探査でひときわ興味を引くのが洞窟探査だ．それは火星に生物がいるとすれば，洞窟が最も可能性の高い場所だからだ．火星の洞窟は，火星表面に衝突する流星塵，紫外線放射，太陽フレア，高エネルギー粒子等から身を守る天然のシェルターで，極端な温度変化を緩和する役割も持ち，地下水の通り道となっている可能性すらある(たとえば，Boston *et al.*, 2004)．Cushing ら(2007)が Arsia Mons と呼ばれている山の山腹で見つけた多数の穴は，実は洞窟の入り口なのではないかと考えられている(図 5-16)．だが，穴の深さは浅く，洞窟が崩壊して入口からすぐのところで行き止まりになっている．そもそも洞窟なのかもわかっていない．行き止まりの先がどうなっているかは，まず，ミュオグラフィで探査してみるべきである．

　Arsia Mons の山麓には，崩壊した洞窟と幅広い溝が多数存在している．洞窟は富士山の氷穴などと同じ溶岩洞穴の一種と考えられていて，その入り口は数十 km の領域にわたって 1 次元的に並んでいる．それぞれの洞窟の径は，およそ 1 km で，深さは数十 m のところで崩壊していると解析されている．この幅広い溝の底にミュオグラフィシステムを備えたローバーやランダーを

5.6　ミュオグラフィの惑星科学への応用── 153

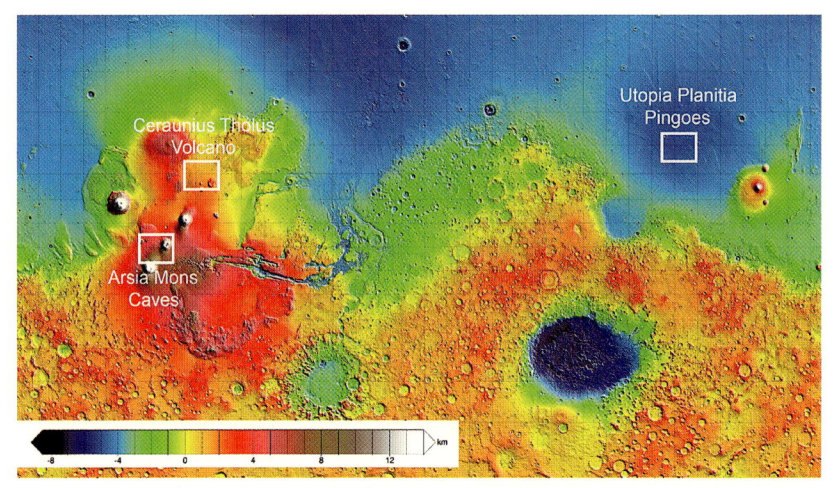

図 5-17　火星のピンゴ，火山，洞窟の位置関係（Kedar *et al.*, 2013）

設置することで，これら崩壊した洞窟のさらに奥の構造を把握できるだろう．火星のミュオグラフィ観測で明らかにされるべき 6 つのターゲットの位置関係を図 5-17 に示した．

　ミュオグラフィは，これまで火星で行われてきた惑星内部探査手法，すなわち地中レーダー，地震波トモグラフィーと比較して，いくつかの有利な点がある．まず，地中レーダーについては，実際，Mars Express Orbiter という火星の人工衛星に MARSIS と呼ばれる地中レーダー装置を搭載することで，火星表面の氷の厚みの測定が試みられたことがある（Plaut *et al.*, 2007）．この観測が行えたのは，氷が電磁波を通しやすいため，比較的弱い出力のトランスミッターで測定できたからである．しかし，洞窟探査のように岩盤内部を直接透視するためには，強力なトランスミッターと巨大なアンテナが必要だ．しかし，火星探査では仮にこのような非現実的ともいえる観測機器を使っても，ピンゴ，火山，洞窟のイメージングは不可能だということがすぐにわかる．火星表面のように鉄分が多い地層（Heggy *et al.*, 2003）だと，電磁波はせいぜい 100 m 程度しか貫通できないからだ．さらに，人工衛星搭載型だと，100 km 程度の空間分解能が関の山である．

　地震波トモグラフィーは，電磁波の代わりに地震波を用いて，弾性や剛性

などの物性をマッピングする手法だ．地震波トモグラフィーは，これまでも，地球全体から局所的な地殻構造まで，地球内部の構造を描き出すのに利用されてきた．この手法で出せる空間分解能は，震源の数と受信機の数によっている．火星探査ミッションでは爆破や起震車を使って人工地震を起こすことはできないので，自然地震(地震，火山活動，隕石衝突)を当てにするしか方法がない．しかし，火星の地震活動は地球の 1/1000 程度しかないことをご存じだろうか(Knapmeyer et al., 2006)．つまり，火星内部の探査を行おうとすると，非常に高感度の地震計をおびただしい数設置して数年にわたり観測する必要があるのだ．また，イメージングの空間解像度は，地震波長にもよるのだが，これは自然地震の場合数百 m から数 km である．地震波トモグラフィーは，火星のコアや地殻底部などの，より大きなスケールの探査には適しているが，これまで述べてきたような小さな対象のイメージングには向いていないことがわかる．

火星のミュオグラフィ実現に向けて

　火星のミュオグラフィを実現させるに当たって，克服しなければいけない課題がいくつかある．まずは，検出器の重さだ．地球上の観測では，検出器重量に原理的な制限はないが，火星探査では最重要課題である．同じように重要なのが消費電力である．ミュオグラフィはプローブを発生させる必要がない分，(原理的には)非常に低い消費電力で運用できるが，実際にはミュオンを電気信号に変える部分とデータ収集部分とにある程度の電力が必要である．これをどこまで落とせるかが，将来の火星ミッションにミュオグラフィを組み入れられるかどうかの鍵となる．

　ミュオグラフィシステムを火星突入，降下，着陸(Entry, Descent, and Landing; EDL)させるにあたって，強い衝撃がシステムに加わる．耐衝撃性の保障も課題だ．EDL 時，検出器は小さく折りたたまれる．これは，精密機器を惑星に落下させるとき，壊れないようにするためにとる常とう手段だ．システムは惑星表面に到達後，速やかに検出器を自動で組み上げ，観測に備える必要がある．これができるだろうか？

　火星のミュオグラフィ観測では，検出器は極低温でも安定して動いてくれ

ないと困る．火星の平均気温は-50℃以下（着陸ポイントによる）で，季節や昼夜で数十℃以上の極端な温度変化がある．加えて，火星表面の高い放射線レベルも検出器の性能を短時間で低下させる要因となるだろう．まずは，火星表面の環境を実験室で再現してテストを行う必要がある．

最後に，火星の着陸ポイントも克服課題だ．地質学的に興味深いターゲットの多くは標高の高いところに位置しているため，着陸が難しい．着陸地点も数kmの精度でコントロールする必要がある．この課題については，最近，火星着陸に成功したMars Exploration Laboratory（MSL）が，着陸技術とその精度に対するヒントを与えてくれることだろう．

太陽系小天体のミュオグラフィ

地球の軌道近くには，太陽系小天体と呼ばれる小規模の天体が多数存在する．例として，小惑星，彗星，あるいは惑星間塵などが挙げられる．プリティーマン（Prettyman）は，これらの太陽系小天体の空隙率や密度分布をミュオグラフィ測定するための新しいタイプの探査船を提案している（Prettyman, 2013）．

ミュオグラフィ観測によって彗星内部のベントシステム（気体の通り道）とそれに付随する構造がわかれば，彗星核の中心から揮発性成分がどのように輸送されるのかがわかる．彗星が太陽に近づくにつれて，内部から蒸発してくるガスが勢いよく吹き出す，いわゆるジェットと呼ばれる現象のメカニズム解明につながるのだ．核の表面にはマントルと呼ばれる殻があり，ジェットは殻の弱い部分から噴き出していると考えられている．もともと彗星核は太陽に近づき自らを蒸発させることによって華麗な姿となっている．彗星内部のベントシステムの解明は，彗星の生成，進化モデルに対して制限を与えるだろう．その一方で，ミュオグラフィの彗星イメージングへの応用には，彗星大気でどのようにミュオンがつくられ，それが彗星表面へどのように到達するのかについての詳しい理解が必要なのはもちろん，探査衛星に載せる小型の検出器開発も必須である．プリティーマンのチームは小惑星や彗星の内部をミュオグラフィでイメージングする次世代型の検出システムの開発を模索している．

5.7 始動するミュオグラフィプロジェクト

2011年以降，ミュオグラフィ観測は以前にも増して活発化している．すでに走っているプロジェクトに加えて，3つの新しいプロジェクトが始動する．

まず，スペイン再生エネルギー研究所(The Instituto Tecnológico de Energías Renovables; ITER)が主導するGEOTHERCANプロジェクトだ(ITER Activity's Report, 2011)．GEOTHERCANの目的は，4つの地熱探査手法を統合して3次元統合モデルを構築することである．その手法とは，(1) 地質学，(2) 地球化学，(3) 地球物理学，そして(4) ミュオグラフィである．モデルは掘削地点を決定する有効なツールとして期待されている．

2013年，ダラム大学が主導するコンソーシアム「ミュオン技術を用いた炭素貯留槽モニタリング」は，液化二酸化炭素の廃棄施設としての炭素貯留槽(CCS)の連続モニタリングに使えるミュオグラフィ技術の開発を開始した(News, Science & Technology Facilities Council, England, 22 November, 2012)．プロジェクト名はディープカーボン(Deep Carbon)．ここでのミュオグラフィのターゲットは，液化二酸化炭素が注入された際の岩盤密度の時間変化だ．2012年から，コンソーシアムは計算機シミュレーションとテスト実験によって，この可能性を探求してきた．北海の海面下750 mの地点に，ミュオグラフィ検出器を設置し，満潮干潮に伴う海面上下動をモニタリングしようというのだ．Muon-Tidesと呼ばれるこのプロジェクトにより，地下の密度構造の時間変化に対するミュオグラフィの感度を示すことができる．現在実用化されているモニタリング技術は，繰り返し地震波トモグラフィを行うもので，液体の二酸化炭素と固体の岩石の分布を地震波速度の違いで見る．これは年間数億円の費用を要する．一方，Deep Carbonプロジェクトは(人工地震を起こすような能動的な探査ではない)受動的なモニタリングシステムを構築することで，費用を削減することを目指している．

カナダの組織Advanced Applied Physics Solutions(AAPS)は，高精度鉱床探査にミュオグラフィが有効であることを示した．2012年のプライス鉱山での成功を受けて(144ページ参照)，未知の鉱床探査に向けて，現在ミュオグラフィ検出器の開発が進んでいる．類似のプロジェクトはルーマニアの

Unirea岩塩鉱山でも進められている(Mitrica, 2013). こちらは岩塩鉱床の中にある大きな空洞を検出するのが目的だ. ミュオグラフィによる鉱床探査技術が確立すれば, (従来の掘削型探査技術と比して)多額の経費削減, および環境負荷の低減につながる. Unirea岩塩鉱山の探査は2013年より始まる.

5.8 地球の深層を視る

かつてアルバート・アインシュタインは, 「地球の磁気は現代物理で解かれていない最もミステリアスな問題である」といった. 当時は, 地磁気が地球内部で発生していることに確信が持てなかったのである. 現在では, 地球中心部の金属コアが自転と熱対流によって磁気を発生させる, という地球ダイナモ仮説が最も有力である.

これまで地球の中は地球自体の振動つまり, 地震を用いて測られてきた. いわば地震波という「古典物理学的ソース」を用いた観測である. もし素粒子で地球深部を調べることができれば, これまでにないまったく新しい情報が得られるだろう. 地震波では見つからなかった「何か」が発見されるかもしれないのだ. 地球深部探査に使える可能性のある素粒子, その名はニュートリノである.

地球内部で発生するニュートリノ

地球内部で自然に起きている核反応によって, 反電子ニュートリノが放出されることが知られている. この反電子ニュートリノが, 地球深部の元素組成および構造に関する重要な情報をもたらすかもしれないのだ. それは, 地球内部でニュートリノを生成する物質が主にウラン, トリウム, カリウムに限られることと, それらがつくるニュートリノのエネルギーが, これらの元素に特有な分布を持つことによる. また, 同時にこれらの放射性物質の崩壊が, 自然の原子力発電所の役割を果たすことで, 地球全体から放出される熱に寄与するからである.

地球は$1\,cm^2$当たり, 1秒間に600万個の反ニュートリノを放出している反ニュートリノ星だ. こんなに多くのニュートリノが地球表面から出てくる

のは，地球がニュートリノにとって，完全に透明だからだ．物質と弱い相互作用しかしない，地球起源の反電子ニュートリノは「地球ニュートリノ」と呼ばれている．

地球ニュートリノを観測することで，地殻やマントルのウランやトリウムの絶対量を直接はかれる．そして，詳細な地球ニュートリノに関するデータが得られれば，地球形成のもととなった物質がどのように地球をつくっていったかを説明できるようになる．たとえば，マントル中のどこかに局在しているかもしれないウランやトリウムについて，答えを出してくれることだろう．これらの重元素は地球の進化過程でコアとマントルの境界域にたまっているかも知れないと考えられている．

ウラン(^{238}U)およびトリウム(^{232}Th)の崩壊過程についてはよく研究されていて，アルファ崩壊とベータ崩壊の2つのプロセスによって，最終的に鉛(^{206}Pbと^{208}Pb)に行きつくことがわかっている．このうち，ベータ崩壊によってのみ，電子と反電子ニュートリノが生成される．生成される反電子ニュートリノのエネルギースペクトル$dn(E)/dE$がよくわかっていれば，それを測定することで，崩壊前の原子核を推定することが可能だ．

特に最近話題になっているのは，地球から宇宙へ放出される熱量だ．惑星生成時の運動エネルギー，コア形成に使われた重力エネルギー，あるいは相転移によっていったい熱が地球内部でどれくらいつくられているのだろうか？

地球は46±3テラワット(TW)の熱を宇宙に向けて放出していることがわかっている．このうち^{40}Kが崩壊することで放出される核エネルギーは8 TW，そして，^{238}U, ^{232}Th系列の崩壊による熱生成がこれとだいたい同じ程度と考えられている．Th/Uの元素存在比(大体4：1)はコンドライト隕石[19]の分析から導き出されている．一方，K/U比は10000：1と，ウランにくらべてカリウムの量が圧倒的に多い．しかし，そのほとんどが安定な^{39}Kであるため，ニュートリノを放出しない．ただしその一部にニュートリノを放出する不安定なカリウム^{40}Kが存在し，その量はウランの5-10倍程度であると

---

[19] 惑星系形成時の始原的隕石と考えられている．

見積もられている．ところが，^{40}K の崩壊でできるニュートリノのエネルギーは 1.8 MeV で，現存するニュートリノ検出器ではエネルギーが低すぎて，その存在を検出することはできない．

　ここではとりあえず，^{40}K の崩壊でつくられると考えられている熱量 8 TW を差し引いて，残りの 38 TW の原因を考えてみよう．そのために知る必要があるのは，「一体どれくらいの K, Th, U が地殻の下に存在しているのだろうか？」に対する答えだ．隕石や地球上の岩石の化学組成の分析から，最近，ウランの地殻および，マントル中の存在量に制限がかかるようになってきた．その値は $5\times10^{16} \sim 1.3\times10^{17}$ kg の間とされる．地球内部での熱生成の残りは Th と K からくるが，これらは Th/U および K/U の存在比率から見積もることができる．また，隕石の化学分析結果からは，下部マントルは上部マントルとくらべて，化学的にも鉱物学的にも異なっていると推定されている．だが，多くの地質学者はこのような大きなスケールでの不均質について反対的な意見を持っている．それは地震波トモグラフィーから得られている，マントル対流モデルと矛盾するからである．

　これに決定打を与えると考えられているのが地球ニュートリノだ．地球から反電子ニュートリノが生成されることは古くからわかっていたが(69 ページで紹介したライネス・コーワン実験で，バックグラウンドノイズが地球ニュートリノではないかという手紙を，ガモフがライネスに 1953 年に送っている)，地球ニュートリノを使って，地球内部を観測しようといい出したのはドイツの物理学者 G. エデール (Gernot Eder) だ．1966 年のことだった．だが，ニュートリノの検出には充分に大きな検出器と時間が必要で，これまでこのような測定を行うことは難しかった．しかし，今は違う．

　岐阜県の神岡にある Kamioka Liquid-Scintillator Anti-Neutrino Detector と呼ばれる反ニュートリノ検出器 (KamLAND) は，地球内部で起こる ^{238}U および ^{232}Th の崩壊によって生成される反電子ニュートリノを検出する感度を持っている．KamLAND は 1000 トンもの液体シンチレーターを有感領域に使うシンチレーションシステムである．液体シンチレーターは透明なナイロン製の風船の中に入れられ，シンチレーション光を発しないオイルの中に吊り下がっている．荷電粒子がシンチレーター内部を通過すると，エネルギーを落

とし，その一部がシンチレーション光として検出される．

　ニュートリノが液体シンチレーターの陽子と稀に反応すると逆ベータ崩壊が起き(2章29ページの計算を思い出してほしい)，陽電子と，少し後に2.2 MeVのガンマ線を放出する．逆ベータ崩壊の反応断面積のエネルギー依存性は良く調べられていて，$E_\nu = E_{e^+} + 0.8$ MeVの関係が知られている(E_{e^+}は陽電子の運動エネルギーと電子と陽電子の対消滅エネルギーの和)．このため，e^+がつくるシグナルは，入ってきた反電子ニュートリノのエネルギーを見積もるのに用いることができる．この陽電子とガンマ線が検出器の内面にびっしりと並べられた光電子増倍管によってとらえられるのだ(図5-18 (a))．KamLANDの当初の建設目的は原子炉から放出される数MeVの反電子ニュートリノを測定することであった．そのため，ちょうど地球内部からのニュートリノに感度を持つことになったのである．

　地球ニュートリノの観測で最も挑戦的な課題はバックグラウンドノイズの除去である．バックグラウンドノイズは偽の地球ニュートリノをたくさんつくり，本物の地球ニュートリノが偽物に埋もれて見えなくなる．そこで，以下の方法が考案された．液体シンチレーター内部で逆ベータ崩壊が起こり，中性子が放出されると，1/5000秒後にその中性子は周囲の陽子に捕獲され，重水素と2.2 MeVのガンマ線を生成する．この2.2 MeVのガンマ線は最初のイベントである陽電子の発光とくらべて遅く観測されるので，遅延イベントと呼ばれ，反応を裏づけるのに用いられる．つまり，最初のe^+がつくるシグナルと遅延イベントを比較することで，関係のないバックグラウンドノイズを徹底的に落とすことができるのだ．結果として地球ニュートリノのような低エネルギーのニュートリノを検出する感度を出すことができる．

　だが，これでもまだ，原子炉ニュートリノとシンチレーター内に潜む放射性物質がつくる中性子が残る．原子炉ニュートリノはエネルギー帯が地球ニュートリノとくらべて高いため，原理的には区別をつけることができるが，ノイズ源が地球ニュートリノと同じ，反電子ニュートリノであるため，厄介なのだ．また，シンチレーター内に潜む放射性物質から発生する中性子は，誤った遅延イベントをつくるので，これもバックグラウンドノイズ源となる．これ以外にも原子炉や宇宙線によって周囲に生成される放射性物質がつくる

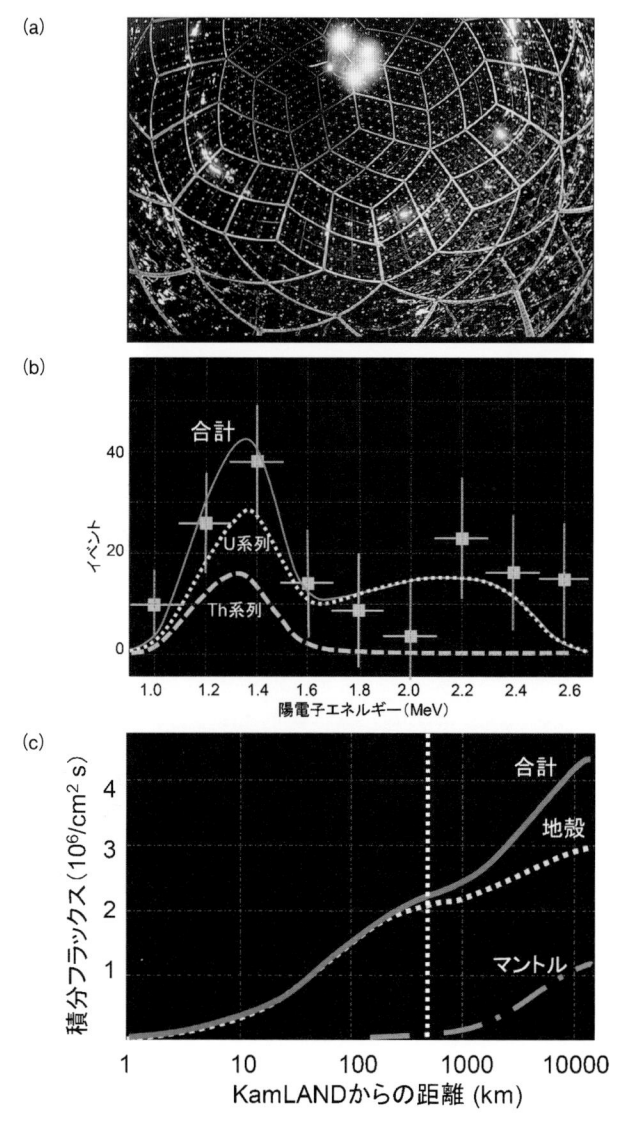

図 5-18 KamLAND 内部の写真．(a)検出器の内面にびっしりと並べられた光電子増倍管．(b)KamLAND がとらえた地球ニュートリノのエネルギースペクトル(Gando et al., 2013 に基づく)．(c)KamLAND がとらえることができる地球ニュートリノフラックスの検出器からの距離依存性(積分値)．縦の白点線は積分フラックスが全体の半分になる距離を示す(Enomoto et al., 2007 に基づく)．[写真は東北大学ニュートリノ科学研究センター提供]

さまざまなノイズがある．

　さまざまな努力の末，KamLANDのグループは，749日間のデータ収集を行った[20]．実際に測定された反電子ニュートリノの数は152であった．これから前もって見積もったノイズ（原子炉ニュートリノ80個程度，シンチレーター内に潜む放射性物質から発生する中性子からくる誤認40個程度，原子炉や宇宙線起因の放射性生成物がつくるランダムな同時計測2個程度，合計127個程度）を差し引くと，25個が^{238}Uおよび^{232}Thの崩壊によって生成された地球ニュートリノの数と予想される（実際には測定誤差があるので，KamLANDグループは4.5から54.2個の地球ニュートリノが検出器を通り抜けたとしている）．したがって，KamLANDの検出効率，検出器稼働率，検出器内部の陽子数から計算すると，地球ニュートリノのフラックスは陽子1つに対して1年に$5\pm4\times10^{-31}$であることがわかった．この上限値からウランやトリウムの崩壊による熱は最大60 Wであるという上限値が決まったのである．人類史上初のできごとだった．図5-18(b)はKamLANDで観測された地球ニュートリノのエネルギースペクトルの最新結果を示す．図5-18(c)からわかるように，KamLAND付近で測定されている地球ニュートリノは，その3/4が地殻起因である．

　4.5から54.2個の地球ニュートリノときいて，読者は精度の悪さに驚かれるかもしれない．だが，この精度は今後もデータをとり続けていくことで，自動的に上がっていくのである．また，世界にある反電子ニュートリノ検出器（KamLANDと似たような検出器）で地球ニュートリノをとらえようという動きも高まっている．もし，ニュートリノの到来方向に感度のある検出器をつくれば，地球ニュートリノによる全地球マッピング，地球ニュートリノグラフィも夢ではなくなる．今後，地球ニュートリノの性質とその発生源をもっと良い精度で突き止めようとする動きがますます活発になることだろう．

大気ニュートリノ

　地球のニュートリノグラフィに使えるもう1つのニュートリノとして有力

---

[20] 現在ではおよそ3000日分のデータが蓄積されている．

な候補が，大気ニュートリノだ．宇宙から地球に降り注ぐ1次宇宙線が大気中の原子核と衝突した結果，パイオンやミュオンが生まれる．そのパイオンやミュオンの崩壊から生じるニュートリノを大気ニュートリノと呼ぶ．この大気ニュートリノには，電子ニュートリノとミューニュートリノの2種類がある．主要な崩壊チェーンはわかっているので，簡単な議論で，ミューニュートリノと電子ニュートリノの比は2：1であると計算できる．大気ニュートリノはいたるところに存在していて，2次宇宙線の中では最もたくさんある粒子である．読者のみなさんがこの本を読み始めてからも，すでに数え切れないほどのニュートリノがからだを通り抜けているのだ．

　ニュートリノグラフィに関するアイディアの提案は25年以上前にまでさかのぼる．これまでに，たくさんの論文が出ているが，すべて，宇宙から直接飛来する高エネルギーニュートリノ（銀河ニュートリノと呼ぶ）を利用するものだ[21]．その一方で，加速器を用いて人工的につくり出したニュートリノビームを用いて，地球内部の探査を行うアイディアも出てきた．だが，用いる加速器の初期投資も運用費用もともに天文学的な値で，現時点では荒唐無稽である．

　大気ニュートリノグラフィによって地球をイメージングする原理はいたって簡単だ．1次宇宙線は地球全体に降り注いでいるため，大気ニュートリノは地球上いたるところで生成される．ニュートリノは物質とめったに反応しないため，そのほとんどが地球を素通りしてしまう．しかし，ニュートリノのエネルギーが10 TeVを超えると，地球が「不透明」になり始めるのだ．ニュートリノの透過量が$1/e$に減る距離（吸収長）は，ニュートリノのエネルギーが25 TeVのときにちょうど地球の直径と等しくなる．ミュオンと同じ

---

[21] これまでに，巨大ニュートリノ検出器を使って，100 TeV程度までのエネルギーを持つニュートリノが観測され，10 TeVから100 TeVまでのエネルギー帯の銀河ニュートリノの上限値が求められている．この上限値は大変小さく，このエネルギー領域で実際観測されたニュートリノフラックスは大気ニュートリノのフラックスをこのエネルギー領域まで外挿することで，説明できることを意味している．つまり，大気ニュートリノのフラックスの方が地球外のいかなる天体に起因する銀河ニュートリノとくらべても圧倒的に高いのである．地球のニュートリノグラフィを行う上で必要な高エネルギーニュートリノは，少なくともこのエネルギー領域では，大気ニュートリノ以外にはあまり考えられないことがわかる．

く，ニュートリノの吸収量は密度長に比例するため，地球の外形が正確にわかれば，ニュートリノ経路に沿った平均密度を求めることが可能だ．あとはニュートリノの数をミュオグラフィのときと同様に，方向ごとに分ければよい．この方法を吸収ニュートリノグラフィと呼ぶ．吸収ニュートリノグラフィに用いる検出器は，高エネルギーニュートリノ(> 100 GeV)にのみ感度を持っていればよい．

より低いエネルギーに感度があるニュートリノ検出器を使えば，ニュートリノ振動を用いた振動ニュートリノグラフィが可能となる．電子ニュートリノとミューニュートリノの比率が物質のありなしで変調する効果を使うのだ．振動ニュートリノグラフィの場合，ニュートリノの吸収量は電子密度長（電子密度×経路長）に比例するため，地球の外形が正確にわかれば，ニュートリノ経路に沿った平均電子密度を求めることが可能だ．これは既存のいかなる方法でも測定することが不可能な物理量だ．電子密度と原子核密度[22]が両方求まれば，元素の種類をその比から同定できる[23]．ニュートリノ振動を用いたニュートリノグラフィでは，〜GeV 程度の比較的低いエネルギーのニュートリノに感度を持つ巨大な検出器が必要なため，最近まで，実現が難しかったが，昨今のニュートリノ検出器の目覚しい発展により，徐々に可能になりつつある．詳しくは以下の参考文献を参照されたい．

> Hyper-Kamiokande: K. Abe *et al.* (2011), Letter of Intent: The Hyper-Kamiokande Experiment—Detector Design and Physics Potential.
> PINGU: C. Rott, Detector Requirement for Neutrino Oscillation Tomography, MNR2013, Tokyo, Japan, July 25-26, 2013. www.eri.u-tokyo.ac.jp/ht/MNR13/program_pdf/Rott_MNR2013_DRequirements.pdf

ここで，ニュートリノグラフィを使って地球深部構造を調べるのに，どの程度の大きさの検出器が必要かを考えてみよう．地球内部の密度分布として

---

[22] 物質の質量はほぼ原子核の密度で決まっているので，原子核密度＝通常私たちが使う密度と考えて差支えない．
[23] 周期表の A/Z を参照されたい．

はよく用いられる球対称モデルを採用する[24]．といっても，構造をあまり細かくすると，計算が大変なので，ここでは地球内部の密度構造を核密度 ρ_c とマントル密度 ρ_m に分け，この2つの値が吸収ニュートリノグラフィによってどの程度の精度で決定できるかを検討してみることにする．

ニュートリノ検出器で直接観測可能な粒子は，ミューニュートリノ起因のミュオン，検出器内部でミューニュートリノから変換したミュオン，そして電子ニュートリノが化けてできた電子の3種類だ[25]．このうちミューニュートリノは観測量の大半を担う．検出器の大きさは一辺 1 km の立方体と仮定しよう．地球の半径 6378 km と地殻の厚さ 37 km と密度 2.68 g/cm³ は固定することにする．

シミュレーションの流れは以下の通りである．(1)電子ニュートリノとミュオンニュートリノが地球に入射する．(2)密度の異なる最大3つの層[26]（地殻→マントル→コア→マントル→地殻）を通り抜けてくるニュートリノ飛跡を記録する．(3)マントルとコアの値を $\rho_m = \{4.00, 4.25, 4.50, 4.75, 5.00\}$ g/cm³ および，$\rho_c = \{9.0, 10.0, 11.0, 12.0\}$ g/cm³ の組合せで変化させ（つまり，ρ_m と ρ_c の組合せのパターン数は合計 20 通り），それぞれのパターンに対して，10年間の観測に相当するシミュレーションを行い，モデル値（$\rho_c = 11.0$ g/cm³，$\rho_m = 4.48$ g/cm³）との比較を行う．

以上の条件で行ったコンピュータシミュレーション結果を図 5-19 に示す．

---

[24] PREM，IASP91 などが知られる．
[25] 検出器内部で観測可能なイベントは以下の2つのカテゴリーに分類される．(1)荷電レプトンが検出器の外で生成される場合，そして(2)荷電レプトンが検出器の中で生成される場合である．ニュートリノと地球内部物質との相互作用および伝播で，ニュートリノのエネルギーが高くなってくると，ニュートリノの反応断面積は上昇し，2次粒子としてのミュオンが何 km も検出器周囲の岩盤を透過できるようになってくる．このような反応は荷電カレントを介した反応として起こるが，この場合，ニュートリノから変わったミュオンが検出器に入るまでに，ある程度の地殻物質を通り抜けてくることになるので，ミュオンのエネルギー損失（電離，制動輻射，直接対生成，そして光核反応）の計算も必要である．また，中性カレントを介した反応では，ニュートリノがミュオンに変わることがないので，この反応は異なったエネルギーのニュートリノの再生成として計算する必要がある．
[26] 地球を通り抜けるニュートリノに対しては，(1)地殻，マントル，コアすべてを通るもの，(2)地殻，マントルのみを通るもの，(3)地殻のみを通るもの，の3つのパターンが考えられる．

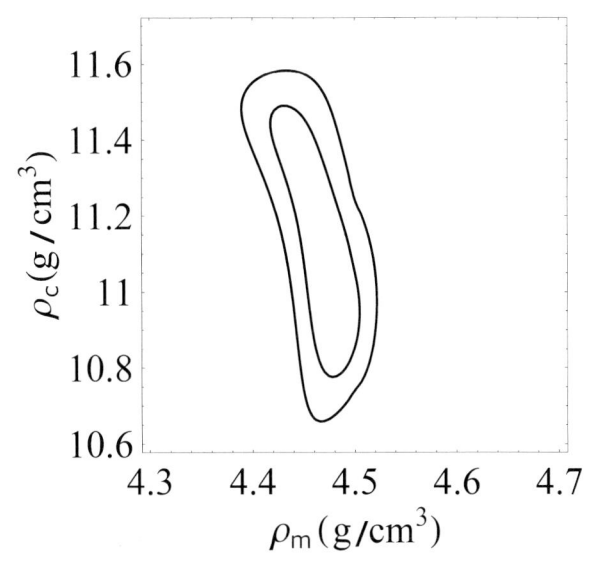

図 5-19 ニュートリノグラフィによる地球のマントル(ρ_m), コア(ρ_c)の密度決定精度を表す図(de Moura and Pisanti, 2010)
M は中心値, 内側の曲線は 1σ, 外側の曲線は 2σ の誤差範囲をそれぞれ示す.

マントルの原子核密度を 2% 程度, コアの原子核密度を 5% 程度で決めるのに, 1 km^3 の検出器サイズと 10 年にわたる観測期間が必要なことがわかる. 地球に吸収されるような高エネルギーニュートリノの数が極端に少ないためだ. 吸収ニュートリノグラフィとくらべて低いエネルギーのニュートリノを使う振動ニュートリノグラフィだとここまで大きな検出器はいらないが, 概して, ニュートリノグラフィの実現には大きな検出器が必要なのは明らかである.

このように, ニュートリノグラフィの原理自体は簡単なのだが, 実際観測を行おうとすると, 大きな問題にぶつかる. 地球をも簡単に貫通してしまうようなニュートリノをとらえることが非常に難しいからだ.

そのため, ミュオグラフィ検出器とはずいぶん違ったものがつくり出された. 普通の素粒子検出器といえば, たいていは, 地上にあるものだが, ニュートリノグラフィを実現できる初の検出器として, 南極の巨大な氷をいわば「ニュートリノをとらえるフィルム」として利用するタイプのものが採用され

図 5-20 アイスキューブ検出器（上：Universe Today，下：IceCube Neutrino Observatory）
下図の四角部分を拡大したものが上図である．

た[27]．アイスキューブ（IceCube）と呼ばれるこの国際協力ニュートリノ観測所では，高エネルギーニュートリノを対象に，北半球側から地球内部を通過して南極点の氷床まで達したニュートリノをとらえる（図5-20）．南極点の氷は厚く安定しているため，長期間にわたってセンサーを展開でき，米国アムンゼン－スコット（Amundsen-Scott）南極ステーションのインフラも利用で

きるため，ニュートリノグラフィ実験を行うには格好の環境だ．

氷床中には 4800 個の光電子増倍管が備えつけられている．これらの光電子増倍管はニュートリノの存在を間接的にとらえるのに使われる．直接つかまえることのできないニュートリノは，氷床周囲の岩石中の原子核や水と反応することでミュオンや電子に変わる[28]．この荷電粒子が，水や氷などの媒体中を光より速い速度で通り抜けると，チェレンコフ光と呼ばれる光を発し，その光を観測することによって，ニュートリノの存在，方向，エネルギーが推測できるのだ．

今後数年の解析で地球内部の新しい像が浮かび上がってくることだろう．

●

問題 5-1　スフリエール火山の観測で用いられた平板型システムは 2 つの平板からなり，ミュオンが双方の平板を通ったときに検出するように設計されている．幅 5 cm のシンチレーターストリップを組合せることで，0.64 m^2 の有感領域ができ，90 cm 離してある．平板に鉛直に進むミュオンに対して，このシステムのアクセプタンスはおよそ 18.3 cm^2 sr であることを示せ．

問題 5-2　1 MeV のニュートリノは 1 光年の鉛を通り抜ける間に何割が通り抜けられるか．

---

[27] IceCube 検出器や地中海に建設予定の KM3NeT 検出器などの km スケールのニュートリノ検出器が，ニュートリノグラフィー検出器の候補だが，これらの検出器は 1 つ前の世代の AMANDA 検出器や ANTARES 検出器の技術を継承することで，ニュートリノグラフィを行える充分な能力を持っていると考えられている．これらのニュートリノの検出器技術は，先駆的に行われた DUMAND 実験，Baikal 実験，Macro 実験そして Super-Kamiokande 検出器の技術が強く反映されていて，今日に至っている．

[28] 4 章，地中のミュオン参照．

おわりに

　KamLAND での地球ニュートリノ初検出の成功を機に，イタリアの Borexino でも地球ニュートリノ検出の報告があった(Bellini *et al.*, 2013)．カナダの SNO でも今後地球ニュートリノの観測を始めるらしい．南極の IceCube では検出器の改造が始まっている．この改造で生まれる PINGU と呼ばれる新型検出器は，ニュートリノ振動を検出するためにデザインされた世界最大の検出器だ．これまでにない規模で GeV ニュートリノをとらえられるようになる．振動ニュートリノグラフィがいよいよ現実のものとなってきた．地球内部の化学組成を直接測定できるようになる時代もそう遠くはないだろう．世界各国で成果が上がりつつあるミュオグラフィは，静止画から動画，2 次元から 3 次元へと進化するだろう．素粒子測定技術の発達により，地球惑星を素粒子で研究する時代が到来しつつある．

　科学はよく，革新的実験・観測・技術によって前進すると言われる．まったく新しい機能を持った技術を使って，これまで得ることのできなかった観測量を取り出すのだ．素粒子地球物理学は成長期にある学問分野だ．天文学がガリレオ，ニュートンの時代の光学望遠鏡から高エネルギー天文学へと進出を果たしたように，素粒子を使った新しい地球観測学，高エネルギー地球科学がますます発展していくことを期待したい．

章末問題略解

2章
問題 2-1

まず止まっている電子に電子をぶつける実験を考えてみる．方程式 2-19 から 2 つの粒子のローレンツ不変量 s を，

$$s = (E_1 + E_2)^2 - (p_1 + p_2)^2 \tag{1}$$

と定義する．ここでターゲットとなる電子は止まっているので，$p_2 = 0$, $E_2 = m_2$ とおこう（$c = 1$ の単位系であることに注意）．すると方程式(1)は

$$\begin{aligned} s &= (E_1 + m_2)^2 - (p_1 + 0)^2 \\ &= E_1^2 - p_1^2 + 2E_1 m_2 + m_2^2 \\ &= m_1^2 + 2E_1 m_2 + m_2^2 \end{aligned} \tag{2}$$

となる．この系を実験室系と呼ぶ（昔の実験室では，ターゲットを静止させて，そこに何かをぶつけることが多かったため）．

次に 2 つの電子を高速で加速して，お互いに衝突させる実験を考えてみる．この系では $p_2 = -p_1$ が成り立つ．

$$\begin{aligned} s &= (E_1 + E_2)^2 - (0)^2 \\ &= (E_1 + E_2)^2 \end{aligned} \tag{3}$$

この系を重心系と呼ぶ（2 つの電子の重心が静止しているため）．重心系では，衝突の全エネルギー $(E_1 + E_2)$ が系全体の全質量に等しい（$m^2 = E^2 - p^2$ という関係を思い出すこと．式 2-19 参照）．ゆえに，なにか粒子をつくり出すとき，その質量が M ならば，必要なエネルギーは重心系で $E_1 + E_2$ である．そしてまたその M は，どの系で計算しても同じローレンツ不変量 s に等しい．ローレンツ不変量 s の平方根 $\sqrt{s}$ がエネルギーの総和なのである．そこで，

$$\sqrt{s} = E_{CM} \tag{4}$$

という表記を使うことが多い．

さて，ここで電子①と電子②を勢いよくぶつけて，電子③と陽電子④のペアをつくってみる（電子①と電子②は消滅しないので，最終的に 4 個の粒子ができる）．問題を簡単にするために，質量の勘定だけに集中しよう．電子①，電子②，電子③，陽電子④の質量はそれぞれ 0.5 MeV である．したがって，粒子をつくるのに使わ

れるエネルギーが，①+②+③+④ = 2 MeV 以上あれば，電子と陽電子のペアをつくることができる．このときに必要な電子①のエネルギー E_1，電子②のエネルギー E_2 はどうなるだろうか？

重心系の場合は $\sqrt{s} = E_1 + E_2$ なので，$E_1 = 1$ MeV 以上，$E_2 = 1$ MeV 以上で電子と陽電子のペアをつくれる．では，電子②が止まっている実験室系ではどうだろうか？　ぶつける粒子のエネルギーが $E_1 = 2$ MeV 以上でペアをつくれるだろうか？方程式(4)に $E_1 = 2$ MeV を代入してみると $\sqrt{0.5^2 + 2 \times 2 \times 0.5 + 0.5^2} = \sqrt{2.5}$ MeV となって，$E_1 = 2$ MeV ではペアをつくるのに十分なエネルギーが得られないことがわかる．粒子に効果的にエネルギーを与えるには，両方から粒子を同じエネルギーでぶつける方が効率的なのである．

問題 2-3

以下のマックスウェル方程式に対して

$$\nabla \cdot \boldsymbol{B} = 0 \quad \frac{\partial \boldsymbol{B}}{\partial t} + \nabla \times \boldsymbol{E} = 0 \quad \boldsymbol{D} = \varepsilon_0 \boldsymbol{E}$$
$$\nabla \cdot \boldsymbol{D} = \rho \quad \nabla \times \boldsymbol{H} - \frac{\partial \boldsymbol{D}}{\partial t} = \boldsymbol{j} \quad \boldsymbol{B} = \mu_0 \boldsymbol{H} \tag{1}$$

次のテンソル量を定義する（ここでは c をあらわに書くこととする）．

$$F^{\lambda\rho} = \begin{pmatrix} 0 & E_x/c & E_y/c & E_z/c \\ -E_x/c & 0 & B_z & -B_y \\ -E_y/c & -B_z & 0 & B_x \\ -E_z/c & B_y & -B_x & 0 \end{pmatrix} \tag{2}$$

$$F_{\mu\nu} = \eta_{\mu\lambda}\eta_{\nu\rho}F^{\lambda\rho} = \begin{pmatrix} 0 & -E_x/c & -E_y/c & -E_z/c \\ E_x/c & 0 & B_z & -B_y \\ E_y/c & -B_z & 0 & B_x \\ E_z/c & B_y & -B_x & 0 \end{pmatrix} \tag{3}$$

$$j^\mu = \begin{pmatrix} c\rho \\ j_x \\ j_y \\ j_z \end{pmatrix} \tag{4}$$

ここで，(2)，(3)は以下を満たすことを確認せよ．

$$\frac{\partial F_{\mu\nu}}{\partial x^\lambda} + \frac{\partial F_{\nu\lambda}}{\partial x^\mu} + \frac{\partial F_{\lambda\mu}}{\partial x^\nu} = 0 \tag{5}$$

電場に対応する F_{i0} をローレンツ変換すると，

$$F_{i0}{}^* = \Lambda^\mu{}_i \Lambda^\nu{}_0 F_{\mu\nu} = \Lambda^0{}_i \Lambda^\nu{}_0 F_{0\nu} + \Lambda^j{}_i \Lambda^\nu{}_0 F_{j\nu}$$

$$\begin{aligned}
&= \Lambda^0{}_i \Lambda^0{}_0 F_{00} + \Lambda^0{}_i \Lambda^j{}_0 F_{0j} + \Lambda^i{}_i \Lambda^0{}_0 F_{j0} + \Lambda^j{}_i \Lambda^k{}_0 F_{jk} \\
&= \gamma^2 u_i u^j F_{0j} + \gamma \{\delta^i{}_j + u^j u_i (\gamma - 1)/u^2\} F_{j0} + \gamma u_k \{\delta^i{}_i + u^j u_i (\gamma - 1)/u^2\} F_{jk} \\
&= \gamma F_{j0} + \gamma u_i u^j \{-\gamma^2 + \gamma (\gamma - 1)/u^2\} F_{j0} + \gamma F_{ik} u_k + u^j u_i (\gamma - 1)/u^2 F_{jk} \\
&= \gamma F_{j0} + u_i u^j (1 - \gamma) F_{j0}/u^2 + \gamma F_{ik} u_k + \gamma u_i (\gamma - 1)/u^2 (u^1 u_1 F_{11} + u^1 u_2 F_{12} + u^1 u_3 F_{13} \\
&\quad + u^2 u_1 F_{21} + u^2 u_2 F_{22} + u^2 u_3 F_{23} + u^3 u_1 F_{31} + u^3 u_2 F_{32} + u^3 u_3 F_{33}) \\
&= \gamma F_{j0} + (1 - \gamma) u_i u^j F_{j0}/u^2 + \gamma F_{ik} u_k
\end{aligned}$$

となることから，

$$\boldsymbol{E}^* = \gamma \boldsymbol{E} + (1 - \gamma) \boldsymbol{u} (\boldsymbol{u} \cdot \boldsymbol{E})/u^2 + \gamma \boldsymbol{u} \times \boldsymbol{B} \tag{6}$$

磁場に対する F_{ij} も同様に

$$\begin{aligned}
F_{ij}^* &= \Lambda^\mu{}_i \Lambda^\nu{}_j F_{\mu\nu} = \Lambda^0{}_i \Lambda^\nu{}_j F_{0\nu} + \Lambda^k{}_i \Lambda^\nu{}_j F_{k\nu} \\
&= \Lambda^0{}_i \Lambda^0{}_j F_{00} + \Lambda^0{}_i \Lambda^l{}_j F_{0l} + \Lambda^k{}_i \Lambda^0{}_j F_{k0} + \Lambda^k{}_i \Lambda^m{}_j F_{km} \\
&= \gamma u_i \{\delta^l{}_j + u^l u_j (\gamma - 1)/u^2\} F_{0l} + \gamma u_j \{\delta^k{}_i + u^k u_i (\gamma - 1)/u^2\} F_{k0} \\
&\quad + \gamma \{\delta^k{}_i + u^k u_i (\gamma - 1)/u^2\} \{\delta^m{}_j + u^m u_j (\gamma - 1)/u^2 u_j\} F_{im} \\
&= \gamma u_i F_{0j} + u_i u^l u_j \gamma (\gamma - 1)/u^2 F_{0l} + \gamma F_{i0} u_j + u_j u^k u_i (\gamma - 1)/u^2 F_{k0} \\
&\quad + \gamma F_{ij} + u^m u_j \gamma (\gamma - 1)/u^2 F_{im} + u^k u_i (\gamma - 1)/u^2 F_{kj} + u^k u_i u^m u_j (\gamma - 1)^2/u^4 F_{km} \\
&= \gamma F_{ij} + \gamma (-u_i F_{j0} + u_j F_{j0}) \gamma u_i u^j (\gamma - 1)/u^2 (u^l F_{0l} - u^k F_{0k}) + (\gamma - 1) \{u^m u_j F_{im} - u^k u_i F_{jk}\}/u^2 \\
&= \gamma F_{ij} + (1 - \gamma) \{u_i u_k F_{jk} - u_j u_k F_{ik}\}/u^2 + \gamma \{- u_j F_{j0} - u_j F_{i0}\}
\end{aligned}$$

となることから，

$$\boldsymbol{B}^* = \gamma \boldsymbol{B} + (1 - \gamma) \boldsymbol{u} (\boldsymbol{u} \cdot \boldsymbol{B})/u^2 + \gamma \boldsymbol{u} \times \boldsymbol{E}/c^2 \tag{7}$$

相対論的粒子が感じる原子数 Z の原子核から r 離れた位置での電場は，粒子の運動量に垂直な成分を考えればよいから，(6), (7)を運動量に並行な成分と垂直な成分に分けて

$$\begin{aligned}
\boldsymbol{E}^* &= \boldsymbol{E}^*_\parallel + \boldsymbol{E}^*_\perp = \gamma (\boldsymbol{E}_\parallel + \boldsymbol{E}_\perp) + (1 - \gamma) \boldsymbol{u} (\boldsymbol{u} \cdot \boldsymbol{E}_\parallel)/v^2 + \gamma \boldsymbol{u} \times (\boldsymbol{B}_\parallel + \boldsymbol{B}_\perp) \\
&= \boldsymbol{E}_\parallel + \gamma (\boldsymbol{E}_\perp + \boldsymbol{u} \times \boldsymbol{B}_\perp) \\
\boldsymbol{E}^*_\parallel &= \boldsymbol{E}_\parallel, \quad \boldsymbol{E}^*_\perp = \gamma (\boldsymbol{E}_\perp + \boldsymbol{u} \times \boldsymbol{B}_\perp)
\end{aligned} \tag{8}$$

$$\begin{aligned}
\boldsymbol{B}^* &= \boldsymbol{B}^*_\parallel + \boldsymbol{B}^*_\perp = \gamma (\boldsymbol{B}_\parallel + \boldsymbol{B}_\perp) + (1 - \gamma) \boldsymbol{u} (\boldsymbol{u} \cdot \boldsymbol{B}_\parallel)/v^2 + \gamma \boldsymbol{u} \times (\boldsymbol{E}_\parallel + \boldsymbol{E}_\perp)/c^2 \\
&= \boldsymbol{B}_\parallel + \gamma (\boldsymbol{B}_\perp - \boldsymbol{u} \times \boldsymbol{E}_\perp)/c^2 \\
\boldsymbol{B}^*_\parallel &= \boldsymbol{B}_\parallel, \quad \boldsymbol{B}^*_\perp = \gamma (\boldsymbol{B}_\perp - \boldsymbol{u} \times \boldsymbol{E}_\perp)/c^2
\end{aligned} \tag{9}$$

3 章

問題 3-1

　同じ質量 μ を持つ 2 つの粒子が衝突する場合を考えてみよう．実験室系で片方が静止していて，もう片方が運動エネルギー E，運動量 p で衝突する．重心系では双

方がエネルギー E^* で，正面衝突する．全エネルギーを U とすると，$U^2 - p^2 c^2$ がローレンツ不変量であることから，系は以下のような形で表せる（ここでは c をあらわに書くこととする）：

$$(E + 2\mu c^2)^2 - p^2 c^2 = (2E^* + 2\mu c^2)^2 \tag{1}$$

一方，

$$(E + \mu c^2)^2 = p^2 c^2 + \mu^2 c^4 \tag{2}$$

であることから，

$$E = 4E^* \left(1 + \frac{E^*}{2\mu c^2}\right) \tag{3}$$

衝突によって，質量 m の粒子ができるためには $2E^*$ は mc^2 より大きくなくてはならない．したがって，

$$E \geq 2mc^2 \left(1 + \frac{m}{4\mu}\right) \tag{4}$$

問題 3-2

エネルギー E_0，質量 m_0 の粒子が m_1, m_2 の粒子に崩壊する場合を考えることにする．m_0 は静止しているものとする．重心系での崩壊粒子の運動量，運動エネルギーをそれぞれ P_1, P_2, E_1, E_2 とする．全エネルギーの保存則から

$$E_0 = m_0 \tag{1}$$
$$E_1 = \sqrt{m_1^2 + p_1^2} \tag{2}$$
$$E_2 = \sqrt{m_2^2 + p_2^2} \tag{3}$$

運動量の保存から，

$$\vec{p}_1 = \vec{p}_2 = p \tag{4}$$

変化前の粒子の質量は崩壊後の粒子の総エネルギー和に等しいため，

$$m_0 = E_1 + E_2 = \sqrt{m_1^2 + p_1^2} + \sqrt{m_2^2 + p_2^2} \tag{5}$$

両辺を 2 乗して，

$$\begin{aligned} m_0^2 &= m_1^2 + p_1^2 + m_2^2 + p_2^2 + 2\sqrt{m_1^2 + p_1^2}\sqrt{m_2^2 + p_2^2} \\ &= m_1^2 + m_2^2 + 2p^2 + 2\sqrt{m_1^2 + p^2}\sqrt{m_2^2 + p^2} \end{aligned} \tag{6}$$

したがって，

$$\begin{aligned} (m_0^2 - m_1^2 - m_2^2)^2 + 4p^4 - 4p^2(m_0^2 - m_1^2 - m_2^2) &= 4(m_1^2 + p^2)(m_2^2 + p^2) \\ &= 4m_1^2 m_2^2 + 4p^4 + 4p^2(m_1^2 + m_2^2) \end{aligned} \tag{7}$$

$4p^4 + 4p^2(m_1^2 + m_2^2)$ の項が両辺から落ちるので，

$$(m_0^2 - m_1^2 - m_2^2)^2 - 4p^4 m_0^2 = 4m_1^2 m_2^2 \tag{8}$$

を得る．したがって，変化後の粒子の運動量は

$$p = \frac{\sqrt{(m_0{}^2 - m_1{}^2 - m_2{}^2)^2 - 4m_1{}^2 m_2{}^2}}{2m_0} \tag{9}$$

$$= \frac{\sqrt{[m_0{}^2 - (m_1{}^2 + m_2{}^2)][m_0{}^2 - (m_1{}^2 - m_2{}^2)]}}{2m_0}$$

となり，2体崩壊では E_1 は（したがって E_2 も）m_0, m_1, m_2 が決まれば一義的に決まる．

問題 3-3

パイオンがミュオンとニュートリノに崩壊する場合，エネルギー保存則と運動量保続則はパイオンの静止系でそれぞれ

$$m_\pi c^2 = E_\mu + E_\nu = \sqrt{p_\mu{}^2 c^2 + m_\mu{}^2 c^4} + p_\nu c \tag{1}$$

$$p_\mu = p_\nu \tag{2}$$

（問題 3-2 の式(4)参照）．

(2)を(1)に代入して，

$$p_\mu = \frac{m_\pi{}^2 - m_\mu{}^2}{2m_\pi} c \tag{3}$$

$$E_\mu = \frac{m_\pi{}^2 + m_\mu{}^2}{2m_\pi} c^2 \tag{4}$$

したがって，

$$\frac{E_\mu}{E_\pi} = \frac{m_\pi{}^2 + m_\mu{}^2}{2m_\pi{}^2} = 0.78 \tag{5}$$

同様に

$$\frac{E_\mu}{E_K} = \frac{m_K{}^2 + m_\mu{}^2}{2m_K{}^2} = 0.52 \tag{6}$$

参考文献

Abe, K. *et al.* (2011) Letter of Intent: The Hyper-Kamiokande Experiment—Detector Design and Physics Potential, arXiv: 1109.3262[hep-ex]

Barnafoldi, G. G., G. Hamar, H. G. Melegh, L. Olah, G. Surnyi, and D. Varga (2012) Portable Cosmic Muon Telescope for Environmental Applications, Nucl. Instr. Meth. A, 689, 60–69.

Bellini, G., and the Borexino collaboration (2013) Measurement of geo-neutrinos from 1353 days of Borexino, Phys. Lett., B 722, 295–300.

Beringer, J. *et al.* (2012) Review of Particle Physics, Phys. Rev. D86, 010001.

Boston, P. J., R. D. Frederick, S. M. Welch, J. Werker, T. R. Meyer, B. Sprungman, V. Hildreth Werker, and S. L. Thompson (2004) Extraterrestrial Subsurface Technology Test Bed: Human Use and Scientific Value of Martian Caves, Space Tech. & Applic. Forum 2003 Bull. AIP #654, Amer. Inst. of Physics, College Park, MD, USA.

Caffau, E., F. Coren, and G. Giannini (1997) Underground cosmic-ray measurement for morphological reconstruction of the Grotta Gigante natural cave, Nucl. Instr. Meth. A, 385, 480–488.

Carbone, D., D. Gibert, J. Marteau, M. Diament, L. Zuccarello, and E. Galichet (2013) An experiment of muon radiography at Mt Etna (Italy), Geophys. J. Int. doi: 10.1093/gji/ggt403.

Carloganu, C., V. Niess, S. Béné, E. Busato, P. Dupieux, F. Fehr, P. Gay, D. Miallier, B. Vulpescu, P. Boivin, C. Combaret, P. Labazuy, I. Laktineh, J.-F. Lénat, L. Mirabito, and A. Portal (2012) Towards a muon radiography of the Puy de Dôme, Geosci. Instrum. Method. Data Syst., 2, 55–60.

Cushing, G. E., T. N. Titus, J. J. Wynne, and P. R. Christensen (2007) THEMIS observes possible cave skylights on Mars, Geophys. Res. Lett., 34, L17201.

de Moura, C. A., and O. Pisanti (2010) J. Phys., Conf. Ser., 203 012113.

Enomoto, S., E., Ohtani, K. Inoue, and A. Suzuki (2007) Neutrino geophysics with KamLAND and future prospects, Earth Planet. Sci. Lett., 258, 147–159.

Gaisser, T. K. (1990) Cosmic Rays and Particle Physics, Cambridge University Press, 279p.

Gando, A., Y. Gando, H. Hanakago, H. Ikeda, K. Inoue *et al.* (2013) Reactor On-Off Antineutrino Measurement with KamLAND, Phys. Rev. D, 88: 033001.

George, E. P. (1955) Cosmic rays measure overburden of tunnel, Commonwealth Engineer, 1, July, 455–457.

Hansen, P., T. K. Gaisser, T. Stanev, and S. J. Sciutto (2005) Influence of the geomagnetic field and of the uncertainties in the primary spectrum on the development of the muon flux in the atmosphere, Phys. Rev. D71, 083012.

Heggy, E., P. Paillou, F. Costard, N. Mangold, G. Ruffie, F. Demontoux, G. Grandjean, and J. M. Malézieux (2003) Local Geoelectrical Models of the Martian Subsurface for Shallow Groundwater Detection Using Sounding Radars, J. Geophys. Res., 108, 8030.

Hörandel, J. R. (2012) Highlights in astroparticle physics: muons, neutrinos, hadronic interactions, exotic particles, and dark matter—Repporteur Talk HE2 & HE3, arXiv:1212.1013v1[astro-ph. HE]

Holt, J. W., A. Safaeinili, J. J. Plaut, J. W. Head, R. J. Phillips, R. Seu, S. D. Kempf, P. Choudhary, D. A. Young, N. E. Putzig, D. Biccari, and Y. Gim (2008) Radar sounding evidence for buried glaciers in the southern mid-latitudes of Mars, Science, 322, 1235.

ITER Activity's Report (2011) Instituto Tecnológico y de Energías Renovables, Spain, 87p. http://www.iter.es/pub/documentos/documentos_Memoria_ITER_ENG_prot_7697b4ea.pdf

Kedar, S., H. K. M. Tanaka, C. J. Naudet, C. E. Jones, J. P. Plaut, and F. H. Webb (2013) Muon radiography for exploration of Mars geology, Geosci. Instrum. Method. Data Syst., 2, 157-164.

Knapmeyer, M. (2011) Planetary core size: A seismological approach, Planet. Space Sci., 59, 10, 1062-1068.

Lanagan, P. D., A. S. McEwen, L. P. Keszthelyi, and T. Thordarson (2001) Rootless cones on Mars indicating the presence of shallow equatorial ground ice in recent times, Geophys. Res. Lett., 28, 2365-2367.

Lesparre, N., D. Gibert, J. Marteau, F. Nicollin, O. Coutant, and J.-C. Komorowski (2012) Density Muon Radiography of La Soufrière of Guadeloupe Volcano: Comparison with Geological, Electrical Resistivity and Gravity data, Geophysical Journal International, 190, 1008-1019.

Liu, Z., D. Bryman, and J. Bueno (2012) Application of Muon Geotomography to Mineral Exploration, International Workshop on "Muon and Neutrino Radiography 2012", 17-20 April 2012, Clermont-Ferrand, France.

Menichelli, M., S. Ansoldi, M. Bari, M. Basset, R. Battiston, S. Blasko, F. Coren, E. Fiori, G. Giannini, D. Iugovaz, A. Papi, S. Reia, and G. Scian (2007) A scintillating fibres tracker detector for archaeological applications, Nuclear Instruments and Methods in Physics Research, A 572, 262-265.

Mitrica, B. (2013) Design Study of an Underground Detector for Measurements of the Differential Muon Flux, Advances in High Energy Physics, 2013, 641584, 1-9.

Okumura, K., K. Shimokawa, H. Yamazaki, and E. Tsukuda (1994) Recent surface faulting events along the middle section of the Itoigawa-Shizuoka Tectonic Line—trenching survey of the Gofukuji Fault near Matsumoto, central Japan—, Zisin, 46, 425-438 (in Japanese with English abstract).

Oláh, L., G. G. Barnaföldi, G. Hamar, H. G. Melegh, G. Surányi, and D. Varga (2012) CCC-based muon telescope for examination of natural caves, Geosci. Instrum. Method. Data Syst., 1, 229-234.

Oláh, L., G. G. Barnaföldi, G. Hamar, H. G. Melegh, G. Surányi, and D. Varga (2013) Cosmic Muon Detection for Geophysical Applications, Preprint submitted to High Energy Physics in Underground Labs, January 4.

Plaut, J. J., G. Picardi, A. Safaeinili, A. Ivanov, S. M. Milkovich, A. Cicchetti, W. Kofman, J. Mouginot, W. M. Farrell, R. J. Phillips, et al. (2007) Subsurface Radar Sounding of the South Polar Layered Deposits of Mars, Science, 316, 92-95.

Plaut, J. J., A. Safaeinili, J. W. Holt, R. J. Phillips, J. W. Head, R. Seu, N. E. Putzig, and A. Frigeri (2009) Radar evidence for ice in lobate debris aprons in the mid-northern latitudes of Mars, Geophys. Res. Lett., 36, L02203.

Prettyman, T. (2013) Deep Mapping of Small Solar System Bodies with Galactic Cosmic Ray Secondary Particle Showers, Space Technology Mission Directorate edited by L. Hall, NASA,

July 19, 2013.

Rott, C. (2013) Detector Requirement for Neutrino Oscillation Tomography, MNR2013, Tokyo, Japan, July 25-26, 2013. www.eri.u-tokyo.ac.jp/ht/MNR13/program_pdf/Rott_MNR2013_DRequirements.pdf

Stevenson, D. S., and S. Blake (1998) Modeling the dynamics and thermodynamics of volcanic degassing, Bull. Volcanol., 60, 307-317.

Tanaka, H. K. M., T. Nakano, S. Takahashi, J. Yoshida, M. Takeo, J. Oikawa, T. Ohminato, Y. Aoki, E. Koyama, H. Tsuji, and K. Niwa (2007a) High resolution imaging in the inhomogeneous crust with cosmic ray muon radiography: The density structure below the volcanic crater floor of Mt. Asama, Japan, Earth Planet. Sci. Lett., 263, 104-113.

Tanaka, H. K. M., T. Nakano, S. Takahashi, J. Yoshida, H. Ohshima, T. Maekawa, H. Watanabe, and K. Niwa (2007b) Imaging the conduit size of the dome with cosmic ray muons: The structure beneath Showa Shinzan Lava Dome, Japan, Geophys. Res. Lett., 34, L22311.

Tanaka, H. K. M., T. Uchida, M. Tanaka, M. Takeo, J. Oikawa, T. Ohminato, Y. Aoki, E. Koyama, and H. Tsuji (2009a) Detecting a mass change inside a volcano by cosmic-ray muon radiography (muography): First results from measurements at Asama volcano, Japan, Geophys. Res. Lett., 36, L17302.

Tanaka, H.K.M., T. Uchida, M. Tanaka, H. Shinohara, and H. Taira (2009b) Cosmic-ray muon imaging of magma in a conduit: degassing process of Satsuma-Iwojima Volcano, Japan, Geophys.Res. Lett., 36, L01304.

Tanaka, H. K. M., H. Miyajima, T. Kusagaya, A. Taketa, T. Uchida, and M. Tanaka (2011) Cosmic muon imaging of hidden seismic fault zones: Rainwater permeation into the mechanical fractured zones in Itoigawa-Shizuoka Tectonic Line, Japan, Earth Planet. Sc. Lett., 306, 156-162.

Tanaka, H. K. M., and A. Sannomiya (2013) Development and operation of a muon detection system under extremely high humidity environment for monitoring underground water table, Geosci. Instrum. Method. Data Syst., 2, 29-34.

Tanaka, H. K. M. (2014) Particle Geophysics, Annual Review of Earth and Planetary Sciences, Volume 42, May 30.

和文事項索引

ア
アイスキューブ 168
アイソスピン 71
アクイレイア遺跡 148
浅間山 129
アジャンデック洞窟 142
アナログ方式 117
アムンゼン－スコット南極ステーション 168
アルファ線 49
アルファ崩壊 48, 68
アルファ粒子 48, 63
泡箱 51

イ
イオン化 48, 51
1次電離 58
位置敏感な面 111
糸魚川静岡構造線 145

ウ
有珠山 132
宇宙線のエネルギー密度 81
ウラン 158

エ
液体シンチレーター 114, 161
エーテル 34
エトナ火山 136
エネルギー 30
　　——の不確定性 46
　　——保存 47
円筒型システム 112
円筒型の検出器 127

カ
ガイガーカウンター 109
核子成分 102
核融合 73
火山 22
可視光 15

ガス検出器 100, 115, 126, 134
火星 149
　　——大気 149
　　——探査 149
　　——探査用ローバー 152
仮想光子 48
荷電カレント反応 72, 91
荷電粒子 31
カミオカンデ 72
カラー 66
カリウム 158
カルスト地形 141
慣性質量 39

キ
気体中で費やされる平均のエネルギー 50
基底状態 49
基底単位 49
偽ミュオン 121
逆ベータ崩壊 28, 161
吸収長 164
仰角 120
霧箱 50
銀河宇宙線 79
銀河円盤 81
銀河磁場 83
銀河ニュートリノ 164

ク
偶発的同時イベント 121
クォーク 24, 64
グラヴィトン 33
グルオン 65
グロッタギガンテ 141

ケ
ケイオン 87
経路長 103
経路和 18
ゲージ粒子 60

179

結合エネルギー　34
原子　19
　　──核　19, 24
　　──核乾板　95, 109, 132
検出器の角度分解能　120
検出器の有感面積　110
原子炉　161
　　──ニュートリノ　73, 161
コ
光核反応　68, 90
光子　20, 25
鉱床探査　144
光電子増倍管　97, 115, 161, 169
古代遺跡の調査　147
コッククロフト・ウォルトン回路　115
古典電子半径　53
コーラー金鉱　92
コンドライト隕石　159
コンプトン波長　60
サ
最小電離　96
　　──点　57
　　──のエネルギー損失　58
　　──の粒子　49
最小2乗法　112
薩摩硫黄島　136
山体崩壊　139
シ
ジェット　156
紫外線　15
時空　37
シグナル／ノイズ比　122
地震波トモグラフィー　154
地すべり地帯　147
質量状態　75
質量とエネルギーの等価性　34
シミュレーション技術　104
弱アイソスピン　71
重力　32
　　──子　33
　　──質量　39
鍾乳洞　141
昭和新山　132
初期宇宙　25
シンチレーション　96

　　──検出器　109
　　──ファイバー　112, 127
シンチレーター　70, 96
振動数　15
振動ニュートリノグラフィ　165
ス
水蒸気爆発　139
彗星核　156
スキャニングマイクロスコープ　5
ステラジアン　84
スパランザーニ洞窟　140
スフリエール火山　138
スペイン再生エネルギー研究所　157
セ
静止質量　39
制動輻射　58, 61, 90
赤外線　15
赤外隷属　67
漸近的自由　67
ソ
相対性理論　33, 88
相対論的粒子　49
素粒子　3, 24
タ
大気原子核　85
大気ニュートリノ　164
太陽系小天体　156
太陽ニュートリノ　73
　　──問題　73
太陽標準模型　73
タウオン　12
タウニュートリノ　28
多重散乱　128
多重度　67
断層破砕帯　145
断層面　147
炭素貯留槽　157
チ
チェレンコフ検出器　116
チェレンコフ光　98, 169
チェレンコフ輻射　98
遅延イベント　161
地殻　160
地下実験　92
地球ダイナモ仮説　158

地球ニュートリノ　73, 159
地中レーダー　152
中性カレント反応　72, 91
中性子　24, 64, 161
超新星　82
直接対生成　63, 90

ツ
対消滅　25
対生成　51
強い力　31

テ
ディスクリミネーター　98
ディープカーボン　157
デジタル方式　118
電荷　29, 30
電子　20, 24, 51
　──銃　20
　──と陽電子の対消滅　161
　──ニュートリノ　28, 164
　──ボルト　21, 29
電磁成分　102
電磁波　3, 15, 44, 154
　──のエネルギー密度　59
電磁粒子　49
電場　30
電波　15
電離　48, 49, 51
　──エネルギー　49

ト
透過フラックス　103
透過ミュオンフラックス推定誤差　120
特殊相対性理論　33, 37
ド・ブロイの電子波長　46
トラッキング技術　117
トリウム　158
ドリーネ　141
ドロップカウンティング　50
トンネル効果　48

ナ
波粒子　20

ニ
2次電離　58
ニュートリノ　4, 25, 69, 158
　──グラフィ　4, 102, 164
　──振動　74

　──の吸収長　91

ノ
ノックオン電子　58

ハ
パイオン　3, 25, 85
パイ中間子　3, 25
ハイブリッド方式　117
バックグラウンドノイズ　120, 161
発泡マグマ　137
ハドロニックシャワー　67
ハドロニックな反応　67
ハドロン　26
バリオン　26
　──数　29
パルテノン神殿　148
反電子ニュートリノ　158
半導体センサー　115
反物質　25

ヒ
光の粒子性　36
ビッグバン　24
比電離　58
ピュイドドーム　133
ピラミッド　4, 7, 148
ピンゴ　152

フ
ファインマンの経路和の方法　16
フォッサマグナパーク　145
不確定性　56
　──原理　45
プライス鉱山　144
ブラウン管　20
プラスチックシンチレーター　96, 110
プランク定数　42
フレーバー量子数　71

ヘ
平均経路長　120
平均電子密度　165
平均密度長　120
平板型システム　110, 146
平板型ミュオグラフィ検出器　125
ベータ崩壊　28, 68
ベントシステム　156

ホ
方位角　120

放射長　62
放電箱　12
ボルブドゥール　148

マ
マイケルソンの実験　36
マイケルソン・モーリーの実験　36
マグマ　22, 129
　——対流仮説　137
　——流路　129
マルチアノード光電子増倍管　112
マントル　160

ミ
密度長　103
ミュオグラフィ　4, 102
　——観測　129
ミュオン　3, 25
　——のエネルギースペクトル　88
　——のエネルギー損失過程　89
ミューニュートリノ　28, 164
ミュー粒子　3, 25
ミンコフスキー計量　38

メ
メソン　26, 85

モ
モンテカルロ法　105

ヨ
溶岩洞穴　153
溶岩ドーム　132
陽子　24, 64
陽電子　25, 51
弱い力　31
4元運動量　41
4元ベクトル　37

ラ
ライネスとコーワン（のニュートリノ）検出
　実験　70, 160
ラーモアの定理　62

リ
リガード　143
リダンダントカウンター　121
量子色力学　68

レ
励起状態　49
歴史的遺跡の耐震評価　148
レプトン　26
　——数　28
レントゲン撮影　1

ロ
ローレンツ収縮　51
ローレンツブースト　43
ローレンツ変換　37

182 —— 和文事項索引

英文事項索引

A
Advanced Applied Physics Solutions; AAPS 157
Ajandek 142
Amundsen-Scott 168
Aquileia 148
Arsia Mons 153
average energy expanded in a gas per ion pair formed 50
B
Borexino 170
bremsstrahlung 61
bubble chamber 51
C
CCS 157
cloud chamber 50
D
d クォーク 28, 64, 70
Deep Carbon 157
DIAPHANE 138
drop counting 50
E
electromagnetic particle 49
elementary particles 24
Elysium Planitia 152
Entry, Descent, and Landing; EDL 155
eV 29
excited state 49
F
Field Programmable Gate Array 117
FPGA チップ 117, 132
G
GARGAMELLE 72
gauge 61
Geant4 106
GEOTHERCAN 157
grain density 95

Grotta Gigante 141
ground level 49
ground state 49
I
IceCube 168, 170
ice-mass 152
in flight decay 127
inonization energy 49
ionize 49
Itoigawa-Shizuoka Tectonic Line; ISTL 145
K
Kamioka Liquid-Scintillator Anti-Neutrino Detector; KamLAND 160
Kamioka Nucleon Decay Experiment 72
KamLAND 73, 160
L
La Soufrière 138
Lorentz boost 43
M
Mars Exploration Laboratory; MSL 156
Mars Express Orbiter 154
MARSIS 154
Mars Science Multi-Mission Laboratory Radioisotope Thermoelectric Generator; RTG 150
minimum ionization loss 57
minimum ionization point 56
minimum ionizing particle; MIP 49
MSW 効果 74
Muon-Tides 157
P
photon 20
pingo 152
PINGU 170
Price 144
primary ionization 58
Puy de Dôme 133

183

Q
Quantum Chromodynamics; QCD　68
R
radiation length　62
REGARD　143
relativistic particle　49
S
secondary ionization　58
SNO　170
Spallanzani　140
Standard Solar Model; SSM　73
T
time of flight; TOF　122
Tomographie Muonique des Volcans;
TOMUVOL　133
U
u クォーク　28, 64, 70
UNESCO 世界ジオパーク　145
Unirea 岩塩鉱山　158
W, X, Z
W ボソン　90
wavicle　20
X 線　2, 15
Z ボソン　91
ギリシア文字
γ 線　15, 49
δ 線　58
δ 電子　58

人名索引

ア行

アインシュタイン，A. 20, 33
アルバレ，L. 4, 7
アルバレ，W. 8
アンダーソン，C. D. 3, 41
ウィルソン，C. T. R. 50
ウィルソン，R. R. 105
ウォルトン，E. T. S. 115
エトベッシュ，R. 39
オズワルド，L. H. 9

カ行

カフラー王 10
ギャビーボ，N. 27
キュリー，M. 3
キュリー，P. 3
ギンツブルグ，V. L. 82
クフ王 10
グラショー，S. 4
グレイザー，D. A. 51
ケネディ，J. F. 7
ゲルマン，M. 64
コッククロフト，J. D. 115
小林誠 27
コーワン，C. 4, 69
コンプトン，A. 60

サ行

サラム，A. 32
ジャーマー，L. H. 45
ジョージ，E. P. 109
シロバツキ，S. I. 82
ストークス，G. G. 1

タ行

ツヴァイク，G. 64

デ行

デイヴィソン，C. J. 20, 45
ディッケ，R. H. 39
デイビス，R. 73
ディラック，P. A. M. 41
ド・ブロイ，L. 20, 45
トムソン，J. J. 20

ナ行

南部陽一郎 11

ハ行

パウエル，C. F. 3
パウリ，W. 69
ハルヴァックス，W. L. 36
ファインマン，R. P. 17
ファラデー，M. 31
フェルミ，E. 69
ベクレル，A. H. 3
ヘス，V. F. 80
ボーア，N. H. D. 46

マ行

マイケルソン，A. A. 35
益川敏英 27
ミリカン，R. A. 20
ミンコフスキー，H. 37
モーリー，E. W. 36

ヤ行

湯川秀樹 3

ラ行

ライネス，F. 4, 69
ラガリグ，A. 72
ラザフォード，E. 63
ラビ，I. I. 11
レントゲン，W. C. 1

ローレンツ, H. A. 36

ワ行

ワインバーグ, S. 32

アルファベット

Alvarez, L. W. 4, 7
Anderson, C. D. 3, 41

Bequerel, A. H. 3
Bohr, N. H. D. 46

Cabibbo, N. 27
Compton, A. H. 60
Cookcroft, J. D. 115
Cowan, C. L. Jr. 4, 69
Curie, M. 3
Curie, P. 3

Davis, R. Jr. 73
Davisson, C. J. 20, 45
de Broglie, L. V. 20, 45
Dicke, R. H. 39
Dirac, P. A. M. 41

Einstein, A. 20, 33
Eötvös, R. 39

Faraday, M. 31
Fermi, E. 69
Feynman, R. P. 17

Gell-Mann, M. 64
George, E. P. 109
Germer, L. H. 45

Ginzburg, V. L. 82
Glaser, D. A. 51
Glashow, S. L. 4

Hallwacks, W. L. F. 36
Hess, V. F. 80

Lagarrique, A. 72
Lorentz, H. A. 36

Michelson, A. A. 35
Millikan, R. A. 20
Minkowski, H. 37
Morley, E. W. 36

Pauli, W. E. 69
Powell, C. F. 3

Rabi, I. I. 11
Reines, F. 4, 69
Röntgen, W. C. 1
Rutherford, E. 63

Salam, A. 32
Stokes, G. G. 1
Syrovatskii, S. I. 82

Thomson, J. J. 20

Walton, E. T. S. 115
Weinberg, S. 32
Wilson, C. T. R. 50
Wilson, R. R. 105

Zweig, G. 64

著者略歴

田中宏幸(たなか・ひろゆき)
- 2004年　名古屋大学大学院博士課程短縮修了
  - カリフォルニア大学リバーサイド校博士研究員，日本学術振興会特別研究員，東京大学地震研究所特任助教，同研究所准教授などを経て
- 現　在　東京大学地震研究所教授，博士（理学）
- 専門分野　高エネルギー素粒子地球物理学
- 受賞歴　2010年日本鉄鋼協会俵論文賞，2011年日本火山学会論文賞，2013年EPS賞

竹内　薫(たけうち・かおる)
- 1983年　東京大学教養学部教養学科卒業
- 1985年　東京大学理学部物理学科卒業
- 1992年　マギル大学大学院博士課程修了（Ph.D.）
- 現　在　サイエンス作家，NHK「サイエンスZERO」ナビゲーター
- 専門分野　科学コミュニケーション
- 主要著書　『宇宙のシナリオとアインシュタイン方程式』（工学社，2003），『ゼロから学ぶ相対性理論』（講談社サイエンティフィク，2001），『「ファインマン物理学」を読む』（講談社サイエンティフィク，2004），ほか多数

素粒子で地球を視る——高エネルギー地球科学入門

2014年5月8日　初　版

［検印廃止］

著　者　田中宏幸・竹内　薫
発行所　一般財団法人　東京大学出版会
　　　　代表者　渡辺　浩
　　　　153-0041　東京都目黒区駒場4-5-29
　　　　電話 03-6407-1069　FAX 03-6407-1991
　　　　振替 00160-6-59964
印刷所　株式会社平文社
製本所　誠製本株式会社

© 2014 Hiroyuki K. M. Tanaka and Kaoru Takeuchi
ISBN978-4-13-063712-1 Printed in Japan

JCOPY 〈(社)出版者著作権管理機構　委託出版物〉
本書の無断複写は著作権法上での例外を除き禁じられています．複写される場合は，そのつど事前に，(社)出版者著作権管理機構（電話 03-3513-6969，FAX 03-3513-6979，e-mail: info@jcopy.or.jp）の許諾を得てください．

相原博昭
素粒子の物理 A5 判 178 頁 / 2700 円

松原隆彦
現代宇宙論　時空と物質の共進化 A5 判 400 頁 / 3800 円

須藤　靖
ものの大きさ　自然の階層・宇宙の階層 A5 判 200 頁 / 2400 円

橋本幸士
Dブレーン　超弦理論の高次元物体が描く世界像 A5 判 224 頁 / 2400 円

金田義行・佐藤哲也・巽　好幸・鳥海光弘
先端巨大科学で探る地球 4/6 判 168 頁 / 2400 円

井田喜明・谷口宏充 編
火山爆発に迫る　噴火メカニズムの解明と火山災害の軽減 A5 判 240 頁 / 4500 円

ここに表示された価格は本体価格です．ご購入の際には消費税が加算されますのでご諒承ください．